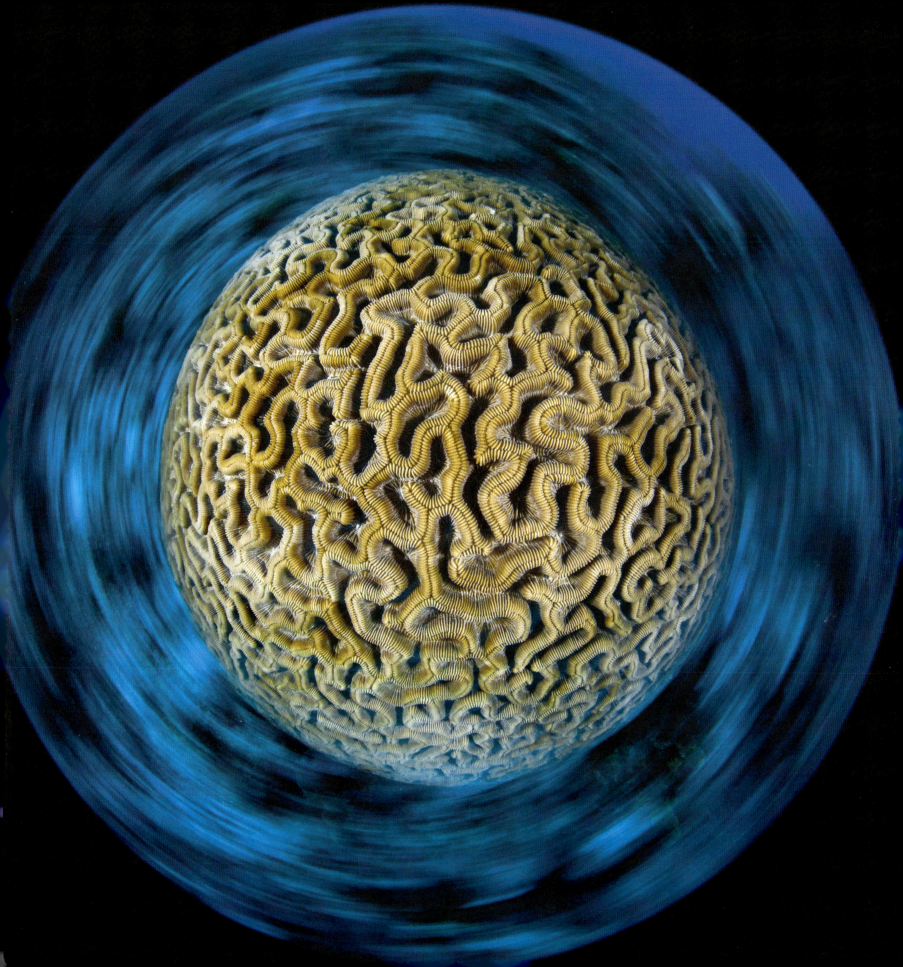

すばらしい
海洋生物の世界
SECRETS OF THE SEAS

アレックス・マスタード［写真］

カラム・ロバーツ［著］

武田正倫［監修］ 北川 玲［訳］

創元社

［写真］アレックス・マスタード Alex Mustard
英国出身の水中写真家。30年以上のキャリアをもつ。2013年にGDT・ヨーロッパ・ワイルドライフ・フォトグラファー・オブ・ザ・イヤーで最優秀賞を受賞。同年、大英自然史博物館主催のワイルドライフ・フォトグラファー・オブ・ザ・イヤーで部門賞を受賞。最新刊の『Reefs Revealed（ベールを脱いだサンゴ礁）』は水中写真集の国際グランプリに輝いた。

［著者］カラム・ロバーツ Callum Roberts
英ヨーク大学環境学部教授。海洋保護を専門とする。著書『The Unnatural History of the Sea（乱獲の歴史）』と『Ocean of Life: How our Seas are Changing（変わりつつある海と生物）』は共にブックアワードを受賞している。25年にわたり、英国内外で科学の手法を取り入れた海洋生物保護活動に力を注いでいる。

［監修者］武田正倫（たけだ・まさつね）
1942年、東京生まれ。九州大学大学院農学研究科博士課程修了。農学博士。国立科学博物館動物研究部部長、東京大学大学院理学系研究科教授、帝京平成大学現代ライフ学部教授を歴任。現在は国立科学博物館名誉館員、名誉研究員、国立感染症研究所寄生動物部客員研究員。専門は海産無脊椎動物学。学術書から一般書、児童書、翻訳書まで、多数の書籍、図鑑、辞典類について執筆、監修を行なっている。

［訳者］北川 玲（きたがわ・れい）
翻訳家。訳書に『インフォグラフィックで見る138億年の歴史』『若き科学者への手紙』『注目すべき125通の手紙』（いずれも創元社）など多数。

SECRETS OF THE SEAS: A Journey into the Heart of the Oceans
by Alex Mustard and Callum Roberts
Text ©Callum Roberts, 2016
Photographs ©Alex Mustard, 2016
This translation of *Secrets of the Seas*, First edition is published by SOGENSHA, INC., publishers by arrangement with Bloomsbury Publishing Plc through Tuttle-Mori Agency, Inc., Tokyo

すばらしい海洋生物の世界
かいようせいぶつ　せかい

2017年5月10日　第1版第1刷発行

著　者	カラム・ロバーツ
写　真	アレックス・マスタード
監修者	武田正倫
訳　者	北川 玲
発行者	矢部敬一
発行所	株式会社 創元社
	http://www.sogensha.co.jp/

［本社］〒541-0047 大阪市中央区淡路町4-3-6
　　　　Tel.06-6231-9010 Fax.06-6233-3111
［東京支店］〒162-0825 東京都新宿区神楽坂4-3 煉瓦塔ビル
　　　　Tel.03-3269-1051

組版・装丁　望月昭秀（NILSON design studio）

Printed in China by RR Donnelly
ISBN978-4-422-43022-5 C0045

本書を無断で複写・複製することを禁じます。
落丁・乱丁のときはお取り替えいたします。

JCOPY〈(株)出版者著作権管理機構　委託出版物〉
本書の無断複写は著作権法上での例外を除き禁じられています。
複写される場合は、そのつど事前に、(株)出版者著作権管理機構
（電話 03-3513-6969、FAX 03-3513-6979、e-mail: info@jcopy.or.jp）
の許諾を得てください。

目次

まえがき	……	8
第1章 測り知れない豊かさ	……	10
第2章 自然の姿とは？	……	34
第3章 完璧な動き	……	58
第4章 陸から海へ	……	82
第5章 無脊椎動物	……	100
第6章 海藻の大聖堂	……	122
第7章 美の本質	……	144
第8章 海の変化	……	168
第9章 砂漠の海	……	192
第10章 絶滅寸前からの復活	……	216
索引	……	236

まえがき

右:ムナテンブダイの仲間 *Sparisoma cretense* の
オス。カナリー諸島。

海は神秘のベールに包まれている。

波の下にどんな生き物がいるのか、人は想像するしかなかった。神やニンフを住まわせ、これまで恐ろしい怪物や奇妙な生き物を数限りなく考え出してきた。深海には生物がいないと信じてきた。暗く、冷たく、押しつぶされそうな水圧の中で生きられるものはいない、と。

海の中の世界が明らかになってくるのは20世紀、特に後半に入ってからだ。潜水器具が開発され、水中撮影が可能となり、本当の姿がようやく見えてきた。

生命は海で誕生した。生命が海だけに存在する時代は気が遠くなるほど永かった。40億年ほどの間に地球環境はとてつもない変動を繰り返してきた。危機が訪れては去っていく。そのたびに生物は盛衰を繰り返しつつ、環境の変化に適応していった。今日我々が目にする生物はすべて、生命の長い歴史の中から生み出されたものだ。どの生物も生命力にあふれ、謎に満ち、すばらしく、そして美しい。

高性能カメラが誕生し、今まで手が届かなかった深海にも行けるようになり、かつては知る由もなかった海の生物について、詳しく知ることが可能となった。本書は水中カメラマンのアレックス・マスタードと、海洋学者で自然保護活動家でもあるカラム・ロバーツの共同作品である。フィヨルドの冷たい海から、圧倒的な種の多様性を誇る東南アジアの「コーラル・トライアングル」まで、海のさまざまな生き物の姿を皆さんにお届けしよう。我々は海洋生物の過去を探り、現在を見つめ、未来に思いを馳せた。

海はたえず動き、変化しているのだが、不変で永遠だと思われがちだ。このような矛盾した幻想を抱くのは、海の中の変化を見るのが難しいせいでもあり、海の姿を多くの人々が知るようになったのはごく最近になっ

てからというせいでもある。自然の力と人の影響力とが絡み合って海に影響を与えているのだが、今日では人為的な変化が勝りつつある。沿岸部から大海原に至るまで、海面から最も深い海溝の底に至るまで、今日の海は急激な変動期を迎えている。我々が海について知っていると思い込んでいることすべてを揺るがしかねない変化が生じてきているのだ。海の生物の写真集には、この点を無視しているか、見逃しているものが多い。だが、本書は違う。変化が海に、そしてそこに生息している生物にどのような影響を与えるのかを我々は調査している。人の活動によって被害を受けている場所は確かに多いが、開発や人の貪欲、不注意によって受けた影響を物語る写真は、あえて本書に含めないことにした。それよりも、海の本来あるべき姿を、そのすばらしさを伝えたいと思う。適切な保護を行えば、海は再びよみがえるということも。

海の生物は我々にとって非常に重要な存在である。地球は海の惑星と言えるだろう――すべての空間に生物が存在しているのは海だという意味で。だが、この点に思いを馳せる人は非常に少ない。海の中で起きていることは人の目に触れにくいため、多くの人が何も疑わず、何も気づかずにいる。本書では、海洋生物のじつに多岐にわたる適応を、異種同士の相互依存を、そして、ほとんど目に見えない小さな生物から巨大な生物までが、生存のために使いこなすすばらしい方策の数々を紹介する。海は誕生したときから、その特徴を明らかに示してきた。そこに生息する生き物は、適応力にも回復力にも恵まれている。人がもたらした変化に対し、さまざまな驚くべき方法で対処している。つまり、彼らはしぶとく、耐久力があるのだ。我々がほんの少し救いの手を差し伸べれば、海はこれからも人を魅了し、感動を呼び起こし、人を養う存在であり続けるだろう――海を楽しむ人がいる限りは。

第1章
Riches beyond measure
測り知れない豊かさ

2つの海洋が出会う場所がある。暖かい海水が混じり合い、2万7000以上もの島々の間に無数の潮流が生じている。細い潮流もあれば、流れの速い潮流、非常に大きな潮流もある。ここには世界最大の群島がある。400万平方キロにわたって広がる浅い熱帯の海には、生命が息づき躍動している。インドネシア、フィリピン、マレーシア、パプア・ニューギニア、ソロモン諸島を含むこの海は、世界中のどの海よりも多様な種の生息地となっている。海洋生物多様性の核心部だ。面積では世界の海の1.5％にすぎないが、世界のサンゴ礁の3分の1がここにあり、そのため「コーラル・トライアングル」と呼ばれている。この海に生息する魚はじつに2500種、造礁性サンゴ類は600種以上と、全世界の造礁性サンゴ類の4分の3にも達している。生物の色彩の豊かさ、数の多さ、形の多様さにおいて、ここに勝る海はない。

左：フィリピンのスールー海にあるトゥバハタ礁は、捕食者の集まる巨大な魚礁だ。今日、漁業の行われていないサンゴ礁は珍しい。トゥバハタ礁は海洋公園として保護されているため、ほぼ手つかずの自然が残っている。この写真のような場所では、妙な現象を目にする。捕食者の方が餌となる被食者を上回っているのだ。普通はこの逆なのだが——アフリカの平原に生息するライオンとアンテロープを思い出してもらいたい——サンゴ礁では被食者の方がはるかに多産で成長も速いため、重量で被食者を上回るほどの捕食者が生きていける。

右:サンゴ礁に生息する魚には、想像を絶するファッションセンスの持ち主が多い。インドネシアのホウセキカサゴ *Rhinopias eschmeyeri* もそうだ。まったく、なんと風変りな姿、なんと派手な色をしているのか。だから映画製作者やアニメーターはサンゴ礁が大好きなのだ。

コーラル・トライアングルには、なぜこれほど多くの生物が栄えているのだろう?

19世紀、博物学者のアルフレッド・ラッセル・ウォレスが自然選択による生物進化という概念を思いついたのは、ここの群島に滞在していたときだった。彼は同時代人のチャールズ・ダーウィンと同じように、同一種が別々の島に孤立するとそれぞれ異なる道を進んでいく、つまり孤立した各集団は自然選択によって元の種から枝分かれして新種を形成することに気づいた。ウォレスはほとんどの時間をジャングルで過ごしていたが、たぐいまれな多様性が海の中にまで続いていることをはっきりと認識していた。浜辺を散策すれば、貝殻が100種ほども見つかる。じつは、孤立による進化という概念は、コーラル・トライアングルに非常に豊かな海洋生物がもたらされた理由を探る手がかりのひとつなのだ。

過去200万年の間に地球は何度も氷期に見舞われ、凍てついては溶けるというサイクルを繰り返してきた。各氷河サイクルのピーク時には、海面が最高130メートルも低下した。コーラル・トライアングルでは一部の島が地続きとなり、海はいくつかの孤立した巨大な潮だまりとなった。こうして生息地を分断された種は、その後何万年も孤立状態で生きていくうちに、別の種へと進化していった。海面が上昇し、生息地を共有できるようになったとき、かつてひとつの種だったものが数種にも分化していたという場合もあっただろう。海面の上昇と低下を繰り返す中で、コーラル・トライアングルの生物は何百もの新種を作り出していったのだ。

第1章 測り知れない豊かさ

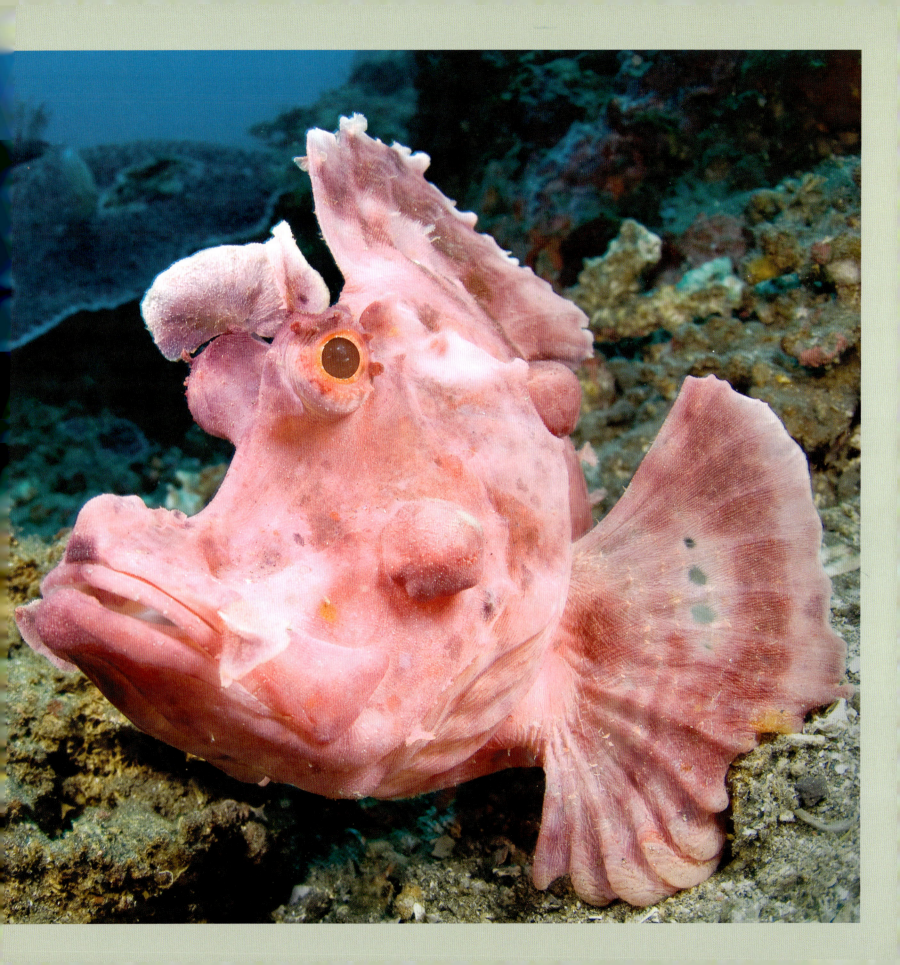

左:サンゴ礁で何よりも目につくのは魚の乱舞だ。見ていると頭がくらくらしてくる。魚群が上へ向かったと思うと旋回する。隊列が乱れる。インドネシア東部、ラジャ・アンパット礁は世界屈指の多彩さを誇っている。ここの生物リストを作るとなったら、数カ月過ごしても完成には程遠いだろう。写真中央の銀色がかった黄色の魚はヤンセンフエダイ *Lutjanus lutjanus*、その下方に多数見える白黒の縞模様の小さな魚はポリデュクテュス属 *Pholidichthys leucotaenia* の稚魚だ。ポリデュクテュスの幼魚は成魚が掘った巣穴で暮らしている。巣穴は深く、最長6メートルにも達する。ひとつの巣穴に1000匹以上が棲んでいることもある。この種は、幼魚期は巣穴の外に出ず、用心深い親に守られている。サンゴ礁でこのような習性を持つ魚は非常に珍しい。

下:サンゴを餌とする動物はごく少ない。サンゴの骨格は非常に固く、ほとんどの動物は歯が立たないのだが、強靭なくちばしを持ち、体長が1メートルにも達するカンムリブダイ *Bolbometopon muricatum* は結びつきのゆるい群れをなし、林立する枝サンゴを平らげながら進んでいく。写真はマレーシアのシパダン島。残念ながら、このような光景はなかなか見られなくなっている。この種は、夜は浅い礁湖で群れをなして休むため、銛を使った夜間の漁の標的になりやすいのだ。

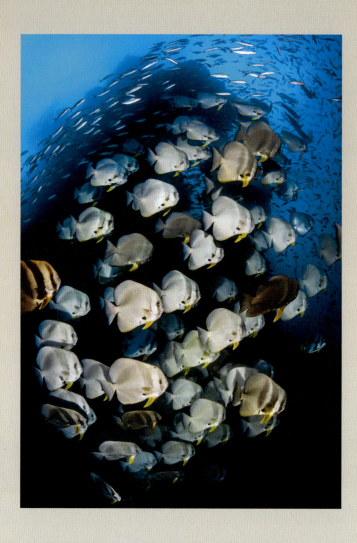

上:サンゴ礁は海の「口の壁」、つまりサンゴ礁の周りを泳いでいるプランクトン食性の魚の大群から栄養を得ている。こうした魚は仲間よりもサンゴ礁から離れ、流れてくる餌を真っ先に頬張りたいのだが、そうすると自分が餌になるリスクも高くなるというジレンマを抱え、常に緊張を強いられている。捕食者の群れもサンゴ礁一帯を泳ぎ回っているからだ。

右:巨大なボール状の塊と化したトウゴロウイワシ科 *Atherinidae* の大群。群れで狩りをするタイワンヨロイアジ *Carangoides malabaricus* やスマ *Euthynnus affinis* によって囲い込まれ、礁斜面に追い詰められている。

コーラル・トライアングルが多種多様さを持つ2つ目の理由は、あたりまえすぎて見逃されることが多い。それは熱帯地方のどこよりも浅海の生息地が広いという点だ。生物学者は物理学者が羨ましくなるときがある。物理学は万物の基礎となる「法則」を導き出すという、じつにすっきりした学問なのだが、生物学はそうはいかない。ごちゃごちゃしていて、すっきりとした説明が成り立たない、と生物学者は嘆く。だが、生物学に法則があるとしたら、地域が広いほど生息する種の数も多い、というのが最も基本的な法則と言える。地域が広ければ、それだけ生息環境も多彩となり、生きられる種の数も多くなる。しかも、広ければより多くの生物が生きていけるため、大洋に浮かぶ島のように生息地が狭い場所よりも絶滅の可能性が低くなる。

また、コーラル・トライアングルは2つの大洋の端にまたがっているため、地理学的にも海洋学的にも恩恵を受けている。インド洋と太平洋の海流が出会うこの水域は、マンハッタンのグランド・セントラル駅のようなものだ。遠くの島々からさまざまな生物が流れ着き、驚くほどコスモポリタン的状況を呈している。コーラル・トライアングルで泳いでみれば、種の多様さに圧倒され、個体数の多さにめまいを覚えるはずだ。よくよく見てみると、見た目は似ているが大きさが異なり、それぞれ独自のフォルムとデザインを備えているものがいる。大きい順に並べたら、ロシアのマトリョーシカ人形のようになるだろう。これは、生き延びるためにそれぞれの個体がみごとな進化を遂げた結果なのだ。

婚姻色に染まったハナダイのオス3種。上:パープル・ビューティー *Pseudanthias tuka*、右上:スミレナガハナダイ *Pseudanthias pleurotaenia*、右下:ケラマハナダイ *Pseudanthias hypseleosoma*。オスがきらびやかな衣装をまとうのにはわけがある。ハーレムを作り、長い産卵期間中、毎日メスに卵を産ませるからだ。

左:サンゴ礁を作っているのはイシサンゴだ。サンゴは太古の昔からまるで錬金術のように、水から岩を作り出してきた。その作品は驚くほど複雑な構造で、目を見張るほど美しく、地質学的な耐久力もある。写真は林立するミドリイシ科のサンゴの上でプランクトンをあさるスズメダイの大群。ほとんどがアオバスズメダイ Chromis atripectoralis で、場所はスラウェシ島（インドネシア）のブヤット湾だ。森が平原より多くの種を養えるように、サンゴ礁も構造が複雑なため、非常に多彩な命を養っている。

上:カニのモード界では薄青色の海綿の帽子が今シーズン大流行した。いや、じつはこのカニ、カイカムリ科の一種は指の形の海綿を背負って、敵から見つかりにくいように、食べられにくいようにしているのだ。海綿は化学的毒素をたっぷり備え、ガラス繊維のような小さな骨針を持っているため、これを食べようとする魚はほとんどいない。

右:フィリピンのネグロス島付近でチョウチョウコショウダイ *Plectorhinchus chaetodonoides* の稚魚がコミカルなダンスを披露している。魚がピエロの役を演じたら、おそらくこんな動きになるだろう。上下に動き、うなずくようなしぐさも交えつつ、横目でじっとこちらを見ている。まるで観客の反応を確かめるように。このダンスは身を守るための行動と考えられる。指を近づけると、動きが速くなるからだ。稚魚にはカラフルな模様があるが、成魚になるとハチの巣模様に変化する。

ここはイリュージョンの世界だ。海藻や鮮やかな青色の海綿、紫色のウミウチワに覆われたフットボール大の石。まるで風にそよぐ草原といった風情なのだが、よく見ると魚なのだ。カムフラージュで目立たなくする。逆に目立たせる。ほぼ完璧に身を隠す。活発に動く。あるいはじっとしている。いずれも敵の目をあざむくみごとなトリックなのだが、ここには別の方法を使う生物もいる。とんでもない色の組み合わせ、突飛な行動、ぎょっとするような体形で自分を見せびらかす。人の目には突拍子もなく、奇抜に見えても、彼らは捕食者がうようよいる海の中で生き延びている成功モデルなのだ。

上：身を隠すという点で、生物はどうやってここまで完璧の域に達したのだろう。これはカエルアンコウ Antennarius striatus の稚魚だ。一見すると海綿とヒドロ虫に覆われた岩でしかない。よくよく見ても、ひれや目や口がどこにあるのかわかりにくい。魚か別物なのかの見分けすらつきにくい。自然の技巧と芸術をみごとに体現している。

右：ヤギ類（ソフトコーラル）の一種 Ctenocella sp. の枝は、劇場の緞帳（どんちょう）を思わせるような豪華で深い色をしている。このヤマブキスズメダイ Amblyglyphidodon aureus は舞台に出て行きたくない役者といった感じだ。

24　第1章　測り知れない豊かさ

上:クマノミの卵は刺胞を持つイソギンチャクに守られて育つ。卵は栄養豊かな餌となるため、細心の注意を払っていないと捕食者にすぐ食べられてしまう。写真は孵化間近で、何百ものガラスのような卵から目が見えている。孵化した稚魚は捕食者の群がるサンゴ礁から離れて水面へと向かい、プランクトンとして2〜3週間を過ごす。指の爪ほどの大きさに育つと別のサンゴ礁を見つけ、自分が棲むイソギンチャクを探す。[フィリピンにて撮影]

左:ハナビラクマノミ Amphiprion perideraion は雄性先熟の雌雄同体である。最初はオスとしての役割を果たし、その後性転換してメスとなる。メスはイソギンチャク1個につき1匹しか入れない。どのイソギンチャクもメスが最大の存在で、次に大きいのは繁殖できるオスとなる。イソギンチャクにいる他のハナビラクマノミはすべて、まだ繁殖適齢期を迎えていない小型のオスだ。メスは体が大きいほど産卵数も増える。

これほどまで生命に満ち溢れた海に潜っていると、なぜこのようなすばらしい世界が生まれたのかと思うことがある。ごく一部のエリアに限ってみても、プランクトンを採食するスズメダイは20種、カニだけで500種もいるのはなぜだろう？ 私は講義の最後にこんな質問を受けたことがある。「クジラはなんのためにいるんですか？」。どの種も我々人間の欲求を満たすためだけに存在していると言わんばかりに、身勝手な都合に照らし合わせて世界を見たいという気持ちはわからないわけではない。だが、そんな考え方をしていると、嘆かわしい問いをさらに生み出すことになる。たとえば、我々にとって本当に必要なのは何種なのか？ 何種なら絶滅してもかまわないか？ 最も有益な種はどれか？ マグロは食べられるがスナホリガニは食べられないから、マグロの方が有益ではないか？ エンゼルフィッシュは大きさと美しさの点で鑑賞に適しているからギンポの仲間より貴重なのか？ サンゴ礁を作るのに本当に400種ものサンゴが必要なのか？

右:トウゴロウイワシの仲間のスレンダー・シルバーサイド*Chirostoma attenuatum*がコガネアジ*Carangoides bajad*の群れに追われ、サンゴ礁に近づいた。チャンスを察したアズキハタ*Anyperodon leucogrammicus*がサンゴ礁の中から突如姿を現し、尾をたわめ、ばねのようになって飛びかかろうとしている。このような一瞬の好機をものにする能力は、進化によって研ぎ澄まされてきたものだ。

28　第1章 測り知れない豊かさ

左：サンゴ礁を棲家にする生物の数には限りがなさそうに思える。だが、インドネシア東部に位置するラジャ・アンパットでは、ついにその頂点に達したようだ。コーラル・トライアングルは生物多様性において世界の中心と言えるが、極めつけがラジャ・アンパットなのだ。ここに匹敵するほどの多様性は他のどこにも見られない。孤立し、幸運にも恵まれたおかげで、ここのサンゴ礁は今も損なわれず、みごととしか言いようがない。この状態を永遠に保つため、現在ラジャ・アンパットは積極的な保護活動の対象となっている。

上：3尾のオオモンカエルアンコウ Antennarius commersoni がサンゴ礁の垂直の壁に留まっている。2尾はそばにいるミズガメカイメンと完璧に同じ色になっている。この保護色戦術は身を守るだけでなく、攻撃手段にもなる。彼らは本物の海綿に見せかけ、餌が気づかずに近づいてくるのをじっと待つのだ。この写真は一見したところロマンチックな光景には見えないが、おそらく奥にいる小型のオス2尾が手前の大きなメスに求愛しているところだ。彼女はなかなか美しいのだろう。

人類がますます支配力を強めているこの世界では、次のような問いは不吉な響きを帯びることになる。開発のために森を伐採し、サンゴ礁をつぶし、それによって種が失われて何が問題だというのか？　世の中にはさまざまな種が存在しているのだ。そのうちの何種かがいなくなったとして、我々が困る理由を納得のいくように説明できる人がいるのか？　こうなると不毛の世界へまっしぐらだ。この世の美しさやすばらしさが徐々に減っていくことになる。ウミウシやエビの存在価値を評価するなど不可能だ。こういう生物を見つけたときの楽しさや喜びの大きさは数値で測れるものではない。モナリザやピラミッド、グランド・キャニオンと同じように、ウミウシも何物にも代え難い存在だ。どこで生息していようと、現在生きている我々から、そして我々の子孫からも愛情を注がれ、守られ、大切にされてしかるべき存在なのだ。

上：ごく小さなウミウシカクレエビ Periclimenes imperator が、自分よりはるかに大きなニシキウミウシ Ceratosoma trilobatum の上に用心棒よろしく乗っている。このエビはウミウシを動く食卓として利用しているのだ。ウミウシの背中から粘液をつまみ、ウミウシが糞をすれば、糞まであさる。このウミウシには毒があるため、捕食者は手を出さない。したがって、乗っているエビは自分の身を守ることもできる。[インドネシアのモルッカ海にて撮影]

右：サンゴ礁では毎年何百もの新たな生物が発見されている。この非常に美しいペアのウミウシ類は、それぞれ指の爪ほどの大きさしかない。学名は Doto greenamyeri で、2015年につけられたばかりだ。餌であるヒドロ虫の上に止まって休んでいる。ウミウシにとって刺胞動物のヒドロ虫はスパイシーなチリペッパーのようにピリッとした味わいなのだろうか？［バリ島のセラヤにて撮影］

32　第1章　測り知れない豊かさ

第2章
What is natural?
自然の姿とは？

世界はめまぐるしく変化している。祖父母の昔話を聞いていても、どうも今の感覚にそぐわない。それどころか、本当に昔はそんなだったのかと信じられないような場所もある。北大西洋もそういう場所のひとつだ。北大西洋に面した国々の住民は、この海のことをよく知っていると思いこんでいる者が多い。海辺で過ごした休日を思えば、ケルプや潮の香りがよみがえってくる。濁った海の色が目に浮かび、強い風によって波が激しく打ち寄せ、小石がぶつかりあう音も思い出せる。霧がかかり、太陽は顔を覗かせてもすぐ雲間に隠れてしまう。海は灰色、緑色、茶色の絵の具を混ぜたパレットのように見える。寒々しさが感じられる色だ。

左：産卵のためアイスランドのソースヘブンに集まったタイセイヨウマダラ Gadus morhua。このような光景は、かつてはバルト海からマサチューセッツのケープコッドまで、北大西洋のどこでも見られた。タラは1000年もの間、大量に採れる魚として漁業を支えてきた。だが、カナダでは大規模漁業のせいで1990年代に資源が枯渇し、ヨーロッパでも温暖化の影響を受けた場所は漁獲量が激減した。それでもアイスランド、ノルウェー、グリーンランドといった北欧の国々では環境条件が整い、管理も行き届くようになったため、タラはすくすくと育っている。この写真は漁獲シーズンのさなかに設けられた2週間の休漁期に撮影した。休漁期を設けることで、タラは邪魔されずに産卵できる。

北大西洋はむき出しのパワーと驚異的な繁殖力とが支配する世界だ。冬の嵐と激しい潮流によって、海底に蓄積された養分が水面に上がり、春になるとプランクトンが大発生する。これを餌にする甲殻類、魚、海洋哺乳類は数知れないが、彼らの存在に我々が気づくことはめったにない。海鳥がやかましく鳴き、海の一点めがけて降下するのを見て、そこに魚がいると気づく程度だ。

色とりどりの漁船が海の幸を運んでくる。箱からあふれんばかりのホタテガイ、カニ、エビ、底引き網にかかったさまざまな底魚。平たい魚、丸みのある魚、ごつごつした魚、棘のある魚。睨んでいるような顔もあれば、穏やかな顔もある。それはごく自然な、いつの時代にも見られる光景だと思われていた。人と海、2つの世界がみごとに結びつき、完璧なハーモニーを奏でていた。

上:オオカミウオ Anarhichas lupus のあごには、曲がった円錐状の水晶のような歯が生えている。ウニや貝、甲殻類を捕え、噛み砕くのに最適な歯だ。オオカミウオの仲間は、ふだん岩の割れ目や洞穴に身を潜めているが、そばに貝などを食い散らした形跡があるので居場所がわかってしまう。

右:アイスランドのごつごつした火山岩の割れ目に潜むオオカミウオ Anarhichas lupus。体長は1.5メートルにまで達し、大型の個体は成人男性の太腿ほどの太さになる。かつては北太平洋の各地で見られたが、19世紀から20世紀にかけて底引き網漁が広まったため、生息数が激減した。白身でほろほろとくずれやすい魚肉はタラの代用として好まれ、細かい模様入りの皮はなめされ、ベルトや財布に使われた。

だが、今日見られる光景は1世紀前とはまったく違う。50年前とも違う。なじみ深い大西洋は今や、自然の営みに任せるというより、いかに人間が利用するかという側面が大きくなっている。かつて大西洋に豊富に見られた生物や生息地の多くは隅に追いやられ、人間の活動と隣り合わせでも生きていける種が中心となった。味のよいオオカミウオ、幅広で肉厚なアナゴ、カスザメ、ヨシキリザメ、群れをなすアブラツノザメ、流線型で泳ぎが速く魚雷のようなクロマグロ、巨大なオヒョウ、ダイニングテーブルほどもあるエイ、ごった返しながら大群をなして泳ぐタラ。いずれもかつては大西洋の中心的な存在だった。近海に生息し、沿岸に近づくこともたびたびあった。1834年、イギリスのホーリー島から北海へと夜間の漁に出たときの記録が残っている。これを読むと、かつての魚の数と大きさに驚かされる。

右:スコットランド北西のコール島付近では、海底の岩に細長い海藻が生えている。潮が満ちると海藻が立ち上がり、海の中はぬめりのある木々が生い茂る森となる。森には動物がしばしば訪れる。写真はハイイロアザラシ*Halichoerus grypus*だ。

38　第2章 自然の姿とは？

下：ケルプの成長は驚くほど速い。北の海に春が訪れると、1日に何十センチというペースで伸びていく。じきに迷路のような森となり、何百もの生物の生息地となる。このウミウシ *Polycera quadrilineata* もケルプの住民だ。林冠は秋の嵐でちぎれてしまう。北大西洋岸の辺鄙な地方では、かつては嵐で浜に打ち上げられたケルプを農民が集め、肥料や家畜の飼料に利用していた。

"「（海底に達すると）……釣り糸を慎重に横へと流していく。糸が尽きそうになったらすぐに別の糸を結びつけ、これを繰り返して4本すべてを海中に沈める。この設置作業に1時間ほどかかる……。設置が終わると最初に糸を投入した地点にまっすぐ戻り、そして……殺戮作業が始まる。最初のうちはコダラ（モンツキダラ）ばかりがひっきりなしに水揚げされる。水中の『広大な闇』に目を凝らしてみた。何やら巨大なものが徐々に水面に近づいてくる。姿かたちまではわからない（この頃はすでに日が高く昇っていた）……やがて正体が見えてきた。とても大きなエイだ。我々は糸をたぐる作業を続けた。タラ、キングクリップ、小型のサメ、ヒトデ、ヒラメの類などが次々に水揚げされる……。我々は常設している別の漁場に向かった……ここの針は4倍も大きく……コダラの大きな切り身を餌として……。ここでも先ほどと同じシーンが繰り返されたが、かかっているのはすべて大物だった。……大型のオヒョウを引き上げるや、漁船がほぼ一杯になってしまった……。一夜の収穫はコダラ約200匹、タラ39匹、エイ4匹、キングクリップ3匹、オヒョウ1匹、そして多数のサメだった」"

40　第2章　自然の姿とは？

上:イギリス海峡でヨシキリザメ *Prionace glauca* が餌を探している。このほっそりしたサメは外洋の捕食者として典型的な存在だ。イワシやニシンが大群をなせば、そこに集まってくる。ヨシキリザメは今も大型のサメとして一般的な部類に入るが、中国ではサメのひれがスープの材料として珍重されるため、大西洋で他のサメの数が減少し、今ではこのヨシキリザメが漁の中心となっている。

海底も変わった。19世紀初頭に書かれた記述によると、海は透明で、海底にさまざまな無脊椎動物がうごめいているのが見えたという。殻のごつごつしたカキもいた。色とりどりのウミウシや魚の姿も見え、海の中は宝石をまき散らしたかのようだった。今日、北欧の海岸には古い牡蠣殻(かきがら)がそこかしこにこびりついている。なかには馬のひづめほど大きなものもある。かつてこの海には無数の生物がいたが、今日まで生き残っている種はごくわずかしかいない。過去の痕跡である牡蠣殻は、海の豊かさが失われたことをひっそりと物語っている。

北大西洋の生物は数も減り、大きさもかつてより小さくなった。大型生物は姿を消し、小型の生物が台頭してきた。ホウボウやカジカの仲間、マトウダイ、ツノガレイ、エビや二枚貝などだ。底引き網漁が頻繁に行われ、浚渫(しゅんせつ)工事の影響もあり、海底はまるで陸地を鋤(すき)で耕したようになってしまった。海底を覆っていた植物と、そこで暮らしていた動物のほとんどが姿を消した。今日の海底は砂と砂利ばかりになりつつある。目を凝らして見てみれば、美しいもの、すばらしいものがまだたくさん残っているが、今日の海は自然の力だけではなく、人が作り上げたものになってしまった。

左：セント・マイケルズ・マウント島が間近に見えるイギリス海峡で、ウバザメ Cetorhinus maximus がプランクトンに満ちた水中を進んでいる。プランクトンは小さく、肉眼ではほとんど見えない。

上：大量に集まったプランクトンをあさるウバザメ Cetorhinus maximus。プランクトンは主に甲殻類のカイアシ類 Calanus finmarchicus だ。場所はスコットランド、インナー・ヘブリディーズのコール島付近で、この辺りの海は浅く、海上に露出した岩もあるため、オーストラリアのケアンズに見たて、「ケアンズ・オブ・コール」と呼ばれている。ウバザメは体長12メートル、体重4トンにも達する世界で2番目に大きな魚だ。体が大きければ、それだけ必要な酸素量も増える。だからウバザメやジンベエザメ、オニイトマキエイといった巨大な種はプランクトンを餌とし、食事の際には大量の海水をえらに通して呼吸も同時に行っている。

人は北大西洋を荒々しい海だと思っている。手に負えない、自然のままの気の荒い海だ、と。環境保護の責任者ですらそう感じている。だが、昔と大きく変わった現状を「自然のまま」の姿だと認めるのは、減少している種や絶滅しかけている種に再び繁栄するよう手を貸すどころか、国外追放を宣告するようなものだ。この章では、過去に栄えていた生物の姿を紹介する。どの種もまだ完全に姿を消してはいない。孤立した一部の水域では今も栄えている。険しい地形のため人が近づけず、乱獲を免れたものもいれば、運が良かったもの、手厚く保護されているものもいる。どの写真も海の生物にとって最後の砦とでも言うべき場所で撮影した。かつての北大西洋の姿が垣間見えるように。そして、その姿を再びよみがえらせるために。

左：タイセイヨウクロマグロ Thunnus thynnus は大西洋の上位捕食者の中でも屈指の暴れん坊だ。餌となる魚の群れに勢いよく突っこみ、群れを四散させる。かつてはニシンの大群を追ってイギリス海峡から北海やバルト海に入り、スコットランド北部周辺まで回遊していた。この魚は何もかもが並外れている。体長は2.5メートル以上になり、体重は700キロを超える個体もいる。重さではオスのヘラジカと同じくらいだ。流線型の体形、発達した筋肉によって時速60キロ超で泳げるうえに1000メートルほど潜ることもできる。世界で最も高価な魚でもあり、日本では1匹あたり数百万円で取引される。高値で売れるため集中的な漁獲が行われ、タイセイヨウクロマグロは北海やバルト海から姿を消した。全体数は70〜80％も減少している。

上：生息地を特徴づける魚といえば北大西洋のタイセイヨウマダラ Gadus morhua だ。この魚は成長が速く、体も大きく（体長1.5メートルに達する）、食性も多岐にわたり（胃の中からカモが見つかったこともある）、産卵数も多い。大型のメスは1匹で一度に500万個以上の卵を産む。19世紀のフランスの小説家アレクサンドル・デュマは、タラの産卵数を知り、こう考えた。もし産まれたタラの子がすべて成長したら、数年後に人はタラの背中を踏みながら足を濡らさずに大西洋を歩いて渡れるだろう、と。[アイスランドにて撮影]

豊かな緑色の海を力強く進むウバザメ *Cetorhinus maximus*。この巨大な魚は、夏になるとヨーロッパ沿岸沖に大量発生するプランクトンを求めて集まってくる。水面に姿を現し日光浴をする習性があるため、かつては「サン・フィッシュ（太陽の魚）」と呼ばれていたようだ（ウバザメの英名はバスキング・シャークで日なたぼっこをするサメの意）。秋になると姿を消すため、深い海底で冬眠すると考えられていたが、GPS受信機による調査で長距離移動していることが判明した。大西洋を横断することもあり、水深数百メートルの地点で餌を食べながら数カ月を過ごす。

右：海藻に尾をからませてゆらゆらしているロングスナウテッド・シーホース *Hippocampus guttulatus* のメス。繊細で、控えめで、せかせかしないタツノオトシゴを見ていると、気持ちが穏やかになってくる。［カナリー諸島にて撮影］

左：オスのヨコヅナダンゴウオ *Cyclopterus lumpus* が浅瀬の岩に産みつけられた卵を守っている。吸盤状になった腹びれを使い、岩に吸いつくことができるため、大しけの時でもしっかり卵を守ることができる。[ノルウェーのフィヨルドで撮影]

左下：驚いているように見えるヨーロッパロブスター Homarus gammarus。ロブスター、エビ、カニ、ホタテガイなどの無脊椎動物は、漁業によって変貌した海を謳歌している。エイやタラといった捕食者が大幅に減ったからだ。もっとも、彼らを狙う人間は減っていない。［オランダのフレーフェリングで夜間に撮影］

右下：カメラの前でポーズを取っているようなニシキギンポの一種 Pholis gunnellus。細長くウナギのような体形だが、独自のグループを形成している。潮間帯という高潮時と低潮時の間に挟まれる厳しい環境に耐えられる魚はごく一握りで、この魚もそれに含まれる。干潮時は海藻や岩の下の潮だまりに身を潜めている。

右：シャレヌメリ Callionymus lyra の珍しい産卵シーン。ふだんは海底で暮らしているが、この写真では体の大きなオスがメスを持ち上げ、胸びれでバランスを取っている。メスを惹きつけるためにオスは他のオスと激しく張り合い、体力を消耗する。オスの寿命は3〜5年で、繁殖できるのはわずか1シーズンに過ぎず、交尾が終わると力尽きて死んでしまうという研究結果がある。［スコットランドにて撮影］

過去200年の間に北大西洋の顔ぶれは漁業や開発によって変わった。今日この海で栄えているのは回復力と適応力のある生き物だけだ。人の影響を受けながらも栄えている、いや、人のおかげで栄えているとも言えるだろう。だが、人の支配と自然の力とのバランスは大きく崩れている。この状況をリセットし、写真に収めたような敏感で傷つきやすい種がもっと回復できるようにする必要がある。そのためには、底引き網漁はもちろん、網を使った漁も一本釣りも、そして浚渫(しゅんせつ)も永遠に行われない避難所のネットワーク作りが求められる。これは無理難題を持ちかけているわけではけっしてない。魚を獲ってはいけないという意味でもない。獲る量を少し減らせば資源は回復し、より小さな漁場で、今ほどお金をかけずにより多くの魚を獲ることができる。人と自然の間に真の調和がもたらされるのだ。

右：春の繁殖期にヨーロッパコウイカ Sepia officinalis のオス2匹がメスをめぐって争っている。この写真では見えないが、中央のオスはもう一方のオスに虎縞模様の脇腹を見せつけつつ、メスには婚姻色を示すという二重人格ぶりを発揮している。イカは皮膚がライトショーのように輝き、刻一刻と体の色を変えることができる。皮膚の中に色素胞と呼ばれる特別な細胞があるためだ。色素胞には3色の色素があり、これが拡張すると色が現れる。色は銀色がかった色素によってさらに変化する。色素胞は一瞬のうちに拡張・収縮する。こうして色を次々に変化させ、派手な模様を出したり、環境に合わせて完璧なカムフラージュができたりするのだ。

52　第2章 自然の姿とは？

前ページ：ヨーロッパケアシガニ*Maja squinado*が何万匹も集まり、脱皮や交尾をしている。温帯の海は1年を通じて温度変化が大きく、条件が整うとその季節ならではの目を見張るような現象がしばしば生じる。このカニは交尾が済むとちりぢりになり、各々が岩や海藻や砂地での元の単独生活に戻っていく。[イギリスのバートン・ブラッドストック沖で撮影]

右：海藻の森の下方には丈の低いものが茂り、ヒドロ虫などの刺胞動物やごく小さな無脊椎動物が暮らしている。周囲は暗く、何が潜んでいるかわからず、危険に満ちているが、そこに生息している生物にとっては、最も恐れる敵から身を隠すのに好都合なのだ。写真のワレカラの仲間 *Caprella linearis* はアイスランドで撮影した。か弱そうな見た目だが、大きな胸脚で小さな餌をはさむ。

左:エビと目が合った瞬間。刺胞動物のトサカ類*Alcyonium*のコロニー内にいたタラバエビの仲間*Pandalus montagui*。

第3章
Perfection in motion
完璧な動き

青い大海原。魚の姿はなく、光と陰が織りなすゆらゆらとした模様のせいで、距離感がまったくつかめない。一瞬、目の端で影が動いたような気がした。やがてそれはサメのような形をまとい、青に浮かぶブルーグレーのサメとなった。まるで霧の中から姿を現したような感じだ。サメは大胆かつ慎重に、すばやくこちらに近づいてきた。私のすぐ目の前で向きを変えた刹那、水中にいる奇妙な人型生物を値踏みするようにこちらを片目で見やった。尾で水を打つ音が聞こえた。サメは放たれた矢のようにまっすぐ進み、青一色の世界に再び消えていった。私は畏敬の念と恐怖の入り混じった興奮に身を震わせていた。

左：メジロザメ属のヨゴレ *Carcharhinus longimanus* がどこまでも続く青い海を悠然と泳いでいる。本当に何もない。このような虚無によって特徴づけられる世界で生きるのはどんな感じなのだろう。大空に舞う猛禽類と同じように、スピードとパワーがなければ餌の少ない世界で獲物を捕らえることはできない。

下:バハマ諸島はイタチザメ Galeocerdo cuvier と出会える確率が最も高い場所のひとつだ。こんなに近くまで寄ってこられると、この魚に対する敵意も薄れてくる。彼らは何にでも見境なく襲いかかる殺し屋ではない。

右:ウバザメ Cetorhinus maximus が菱形に大きく口を開け塵ほどの大きさのプランクトンが群がる中を進んでいる。プランクトンは捕食者が近づくと急いで逃げる習性があるが、このサメの口内は青白く、この色に引き寄せられてしまうのだ。

サメは原始の時代から存在していた。はるか昔、どんな世界かほとんど何もわかっていないときに、サメはすでに進化の大きな過程を終えていた。サメとはっきりわかる化石は4億年前までさかのぼる。今日のサメと同じように、体は小さな皮歯（歯と同じ構造の鱗）に覆われていた。皮歯は水の抵抗を弱めるため、サメは少ないエネルギーでより速く泳げる。尾は上葉と下葉に分かれ、体形は魚雷を、胸びれは水上飛行機を思わせる。そして鋭い歯をたくさん持っていた。初期のサメは小型だったが、やがて大きな獲物も倒せる大型の捕食者へと進化していった。目的に応じたバリエーションをつけるだけで、体の基本構造は変えず、サメは地球の大変動を何度もくぐりぬけ、いくつもの地質年代をまたいで生き続けてきた。何度か訪れた大量絶滅にも、海が強い酸性で酸素が不足していた時代にも生き延びた。サメは餌の豊富な水深数百メートル付近に数多く生息している。水深3000メートルより深くは生理学的に潜れない。

60　第3章　完璧な動き

下：このホホジロザメ Carcharodon carcharias のにやりと笑ったような顔は、どことなくディズニーのキャラクターを思わせる。だが、泳ぎを必死に練習しているアザラシの子どもにしたら、笑う気分にはなれないだろう。

右：サメがまっすぐこちらに向かってくる。この見慣れた山のような形には独特の不気味さが漂う。撮影しているカメラマンに近づいてきたのはヨゴレ Carcharhinus longimanus だ。たいていのサメはダイバーのような目新しい存在を見つけると、まずその周りをぐるりと巡り、それから近づいてくるのだが、ヨゴレは一気に突進してくる。そのまま体当たりしてくることも多く、撮影者は冷や汗ものだ。

2億3000万年から2億年前の間にサメから分かれ、外洋を泳ぎ回る生活から海底で暮らす道を選んだものが現れた。アカエイだ。その後、何百もの種に分かれ、世界中の浅海で生態的地位を築いていった。3000万年ほど前、プランクトンを餌とする小型のイトマキエイが再び外洋生活に戻り、ここからマンタと呼ばれるオニイトマキエイが出現する。1000万年ほど前のことだ。

果たしていつ頃からサメは人間にとって恐怖の対象となったのだろう？ 人類が海に進出するようになった歴史はとても浅い。水中ではぶざまな存在である我々にとって、サメは海の捕食者としての条件を完全に備えている。音を立てず、どこからともなく近づいてくる。しかも動きが速く、標的とされたらほぼ終わりだ。人類と海との関わりは長く、15万年あまり前にまでさかのぼる。我々の祖先は干潮時に波打ち際で魚介類を採取していた。崖の上からサメの姿を見たこともあっただろう。がっしりした体格のサメが、背びれで水面に縦横のさざ波を立てつつ魚の大群に襲いかかり、海が激しく泡立つさまを驚きの目で見つめていたかもしれない。東南アジアの東ティモールには、かつて人類が暮らしていた洞窟があり、そこでサメやマグロの骨が見つかっている。4万3000年ほど前には、海のハンターは狩られる側になっていたのだ。

左:2匹のアラフラオオセ *Eucrossorhinus dasypogon*。物陰に隠れるわけでもなく、堂々と求愛中なのだが、乗っているテーブル状のサンゴ礁の色とほぼ完璧に同化している。

下:サメの中には生涯を海底で過ごし、ほとんど動かず、餌がやってくるのを待っているものがいる。インドネシアの西パプアで撮影したこのアラフラオオセ *Eucrossorhinus dasypogon* は待ち伏せを得意とする捕食者だ。他のすべてのサメやエイと同じように、このサメにも電流を感知する器官があり、特に顔や口の周りに集まっている。したがって、餌となる魚が攻撃範囲に入ってくるとすぐに気づくことができる。歯は内向きに曲がっているため、餌は口から胃への一方通行のみとなる。

上：ホホジロザメ *Carcharodon carcharias* は正面から見ると立派な雄牛のようにずんぐりしているが、上から見るとずいぶん印象が違う。魚雷のような流線型の体で、尾のつけ根にかけて細くなっている。尾は凹凸のない板状で、左右に分厚い筋肉がついている。

左：夕暮れのリトルバハマバンク。イタチザメ *Galeocerdo cuvier* が水面に出てきた。かつてイタチザメは大型のサメの中で最もよく見られ、最も恐れられる部類に入っていた。だが、地上のトラと同じく、人からの迫害で数を減らしている（イタチザメは英語でタイガー・シャークと呼ばれる）。世界中での推定生息数は把握されていないが、サメ漁が行われている場所はどこもイタチザメが減っている。

サメは進化の過程で力強い生命力を得ていったが、大規模漁業に対応することはできなかった。いつ頃からかはわからないが、サメのひれの構造をなす麺状のゼラチン質がアジアの食文化において珍重され、高価なふかひれスープを食すことが人の威信を示すシンボルとなった。このために一体どれほどの数のサメが殺されているのだろう。ひれだけ切り取り、体は陸揚げされないことが多いため、その実態はわかっていない。最も正確に近いと思われる推定値は年間1億匹だ。過去30年ほどの間にサメは多くの種が激減した。堂々とした体格のヨゴレもその一種だ。かつては海で最も多く見られる大型動物のひとつだったが、その数は各地の海で1000分の1にまで減り、今ではダイバーが確実にヨゴレと出会える場所は、地球上でバハマ諸島と紅海の沖のわずか2カ所となった。大量にいたサメが減ると、漁業の標的も変わる。今度はオニイトマキエイや小型のイトマキエイが絶滅の危機に瀕している。

上:世界で一番大きい魚のことならよく知られていると思われるかもしれない。だが、ジンベエザメ Rhincodon typus はいまだに謎に包まれている。沿岸付近で出会うのはたいてい若い個体だ。メキシコのカンクン沖で撮影したこの個体も体長5～6メートルにすぎない。成魚は12～15メートルになり、沿岸に近づくことはほとんどない。ジンベエザメに発信器を取りつけて位置と水深を計測したところ、豊富な餌を求めて何千キロも移動し、プランクトンの密集地点では水深1000メートルまで潜ることがわかった。深海は冷たく酸素も少ないため、深く潜るときは長い間隔をおき、水面に上がって体を温め、再び酸素をたっぷり取りこむ必要がある。

:太平洋東部のグアダルーペ島付近を泳ぐ2匹の灰色がかったホホジロザメ Carcharodon carcharias。写真の奥の個体には発信器が取りつけられ、行動データが科学者に送信されている。この付近で発信器を取りつけられたサメは長距離に及ぶ季節回遊を行っている。太平洋を渡り、大海原のあるスポットに向かうのだ。「ホホジロザメのカフェ」と名づけられたその場所でしばらく過ごし、冷たい深海に潜っては水面付近に出て体を暖めることを繰り返しながら帰路につく。この「カフェ」に来る目的が餌のためなのか繁殖のためなのかは判明していない。両方の可能性もある。ただ、サメの餌となるメバチ Thunnus obesus がこの時期にこの場所に集まってくるため、目的はおそらく餌ではないかと考えられている。サメの中にはメキシコ沿岸から回遊旅行をする途中、ハワイでバカンスを過ごすものもいる。

左:夕暮れのカリブ海を影のように泳ぐアメリカアカエイ *Dasyatis americana*。砂地の海底は平らで特に見るべきところがないと思っている人が多いが、それは間違いだ。水の動きによって畝(うね)ができるうえに、アカエイのような大型動物は採食の際、海底に穴や溝を掘る。おかげで砂地の模様はさらに複雑になり、遮るものが何もない海に生息している多くの生物のための隠れ場や格好の餌場となる。かつてはヨーロッパの海でも、アカエイによく似た大型のガンギエイがたくさんいたが、漁獲量が増えるにつれ姿を消していった。

かつてサメは海の捕食者として最上位に君臨していた。そのサメが姿を消し、生物界のバランスが崩れて思わぬ結果を招いた今になって、ようやくサメが大切な役割を担っていたことを我々は理解し始めた。アメリカ大西洋岸では大型のサメが激減したため、アメリカイタヤガイ漁が大打撃を受けた。イタヤガイを採食するウシバナトビエイが爆発的に増えたからだ。

数が減少する中、我々のサメに対する印象は変わってきている。1970年代にヒットしたアメリカ映画『ジョーズ』は、人がサメに食われるという原始的な恐怖を刺激し、サメを凶悪な生物と見なすきっかけとなった。だが今日では、サメは恐怖の対象でしかないわけではない。称賛すべき生物と考えられ、その命を尊重されてもいる。最近のことだが、『ジョーズ』の撮影場所に近いケープコッドで、浜に打ち上げられたホホジロザメを海水浴客と沿岸警備隊が助け、海に戻してやるという出来事があった。サメに対する人々の態度の変化を示すエピソードである。

下:ヒラシュモクザメ*Sphyrna mokarran*は捕食性のサメの中でも最大の部類に入り、メスは体長6メートルを超えることもある。写真のサメはメスだ。胸部はがっしりして幅広く、大柄の男性が両腕を思いきり広げたほどもある。昔から屈強な漁師たちはこのヒラシュモクザメに戦いを挑んできた。フロリダ沖では、出産のため遠距離を移動してきた妊娠中のサメが漁の対象になる。アメリカ東海岸沿いではサメの数が急激に減少しているが、このサメ漁は今も行われており、物議を醸している。

右：魚眼レンズで見たジンベエザメ*Rhincodon typus*。体重は20トンを超える。メキシコのカリブ海沖、プランクトンの豊富な地点で撮影した写真。体に見える斑点は個体を見分ける鍵だ。科学者は夜空の画像から星を特定するために使うパターン認識コンピュータープログラムを改良し、体に独自の「星座」を持つジンベエザメの写真から個体を特定している。

右：ヨシキリザメ*Prionace glauca*は海の放浪者だ。サバやニシンなどの群れを求め、何百キロ、何千キロと泳ぎ回る。写真はイギリス海峡のコーンウォール沖で撮影したもの。何世紀も前には、イワシの季節になるとこの辺りでヨシキリザメの姿がしばしば見かけられた。イワシの大群は産卵のため、この沿岸に集まっていたのだが、イワシが乱獲されたためにサメは餌を失い、他の餌を求めて去っていった。この写真で驚くべき点は、撮影時の水温が20℃だったことだ。気候変動により、世界全体で何千もの種が高緯度海域へと移動している。ヨシキリザメの餌となるサバもそうだ。

右：暗雲の垂れこめる嵐の空が、このメスのアメリカアカエイ *Dasyatis americana* に不気味さを与えている。だが、怒らせるようなことをしなければ大丈夫だ。17世紀、ジョン・スミス船長はアメリカのチェサピーク湾沿岸に入植地ジェームズタウンを建設したメンバーのひとりだった。あるとき彼はアカエイを刀で突いた拍子に、尾の中ほどにある毒針で刺された。毒に苦しむあまり彼はその場所を自分の墓にすると決めたが、2日後には回復した。

下:オニイトマキエイ *Manta birostris* は横幅が7メートルにも達する世界最大のエイだ。この写真のエイにはコバンザメの一種のナガコバン *Remora remora* が吸着している。20世紀初頭、アメリカ東海岸沖では勇敢なハンターが銛(もり)で獲物をしとめるスポーツフィッシングが行われていたが、この巨大なエイは最近まで人に煩わされることはほとんどなかった。だが、今日ではえらが目当ての漁が行われている。えらはプランクトンを濾(こ)しとる器官で、中国では漢方薬として広く使われている。だが、オニイトマキエイは繁殖回数が少なく、一度に1匹しか子を産まないため、漁獲対象としては不向きだ。絶滅の危険性が高まっており、ワシントン条約(絶滅のおそれのある野生動植物種の国際取引に関する条約)のリストに加えられた。現在では沖合性のオニイトマキエイ(ブラックマンタ)と沿岸性のナンヨウマンタ(マンタ)の2種とされている。

今日、人はサメといっしょに泳ぐために何千キロも旅をしている。イタチザメやホホジロザメなど、かつては恐れられていた種との出会いを楽しんでいる。サメが持つ優雅さ、海の支配者らしい存在感が魅力的なのだ。空飛ぶワシが上昇気流に乗るように、サメは激しい潮流に乗りながら、苦もなくじっとしている。ひれをほんのかすかに動かすだけで、一気に襲いかかることができる。パラオでは生きているサメは死んだサメの1000倍も価値があると考えられている。観光産業にとってそれほどの値打ちがあるのだ。このような再評価だけでサメの将来が明るいものとなるかどうかは、今の時点ではわからない。もちろん、サメを守るために勢力的な取り組みもなされている。パラオやバハマといった国々は領海を「サメの保護区」と宣言し、カリフォルニア州はサメのひれの販売を禁止した。絶滅の危機に対し、この程度の取り組みでは十分ではないかもしれないが、過去の例を見ると希望が持てる。ウミガメは肉と甲羅目当てに乱獲され、1960年代から70年代にかけて絶滅の危機に瀕していた。だが、保護活動家たちのおかげで人々の認識が変わり、カメのスープやべっこうを珍重するのは流行遅れだとみなされるようになった。今日、ほとんどのウミガメは回復に向かっている。

左ページ：シュモクザメは我々にとって長年の謎だった。頭部は平たく横に張り出し、その両端に目がついている。いったいなぜこんな奇妙な構造になったのか？ どんな機能があるというのか？ たとえば、「電流を感知する穴が横に広く点在すれば立体的に感知できる」といったさまざまな理論が登場した。だが、注目されているのは頭の使い方だ。バハマバンクでアカエイを狩っていたヒラシュモクザメ *Sphyrna mokarran* は、エイを海底に追いつめ、平たい頭で押さえつけて片方の翼を食いちぎった。続けてもう一方の翼も食いちぎってエイを動けなくし、30分後に戻ってきて残りを平らげた。

左：メキシコのカンクン沖を、隊列を組んで泳ぐタイセイヨウイトマキエイ *Mobula hypostoma*。イトマキエイには頭鰭（とうき）（頭の両端にあるコウモリの耳のようなひれ）があり、餌を口に送りこむ働きをする。この頭鰭がまくれ上がっているときの様子が角のように見えるため、英語ではデビル・レイ（悪魔のエイ）と呼ばれている。かつては使い道がないと思われていたが、今日ではオニイトマキエイと同様、漢方薬用として鰓を取るためだけに捕えられている。イトマキエイも一度に1匹しか子を産まず、漁獲によって激減するおそれがあるため、保護する試みがなされている。

カリブ海のグランドケイマン島の浅い礁湖(しょうこ)で、餌を求めて海草の間を掘るマダラトビエイ Aetobatis narinari。シャベル型の鼻先を使い、二枚貝やウニ、甲殻類などを掘り出し、溝のある扁平な歯で噛み砕く。エイの食事中、砂の中から掘り出された生き物を目当てに、多くの魚だけでなく鳥の鵜(う)まで集まってくることがある。

第4章
Transitions
陸から海へ

「海辺は不思議な、そして美しい場所だ」。アメリカの環境保護主義者で海洋生物学者でもあるレイチェル・カーソンは1955年にこう書いた。海辺はいつの時代も変遷の場であった。海から陸へ。塩水から淡水へ。浮力の世界から重力の世界へ。一部の生物は進化の長い歴史の中で、水陸の境界線を越える旅に出た。境界線上で暮らすものも、ある時期だけ海または陸で過ごし、2つの異なる世界を股にかけて生きるものも現れた。本章ではこうした生物たちの変遷について語っていきたい。

左:ニシツノメドリ Fratercula arctica は一生のほとんどを海上で過ごす。潜水も得意で、海に潜って小魚を捕える。繁殖期には銀色の小魚をくちばしからはみ出るほどくわえ、巣に戻っていく。翼を使った泳ぎはいささかロボットじみて、水中での羽ばたきも方向転換もぎくしゃくとしている。この写真では羽毛に含まれた空気が水圧によって泡となり、たなびいている様子がわかる。繁殖期を過ぎるとツノメドリは翼の主な羽根が生え変わり、一時的に空を飛べなくなる。その間は群れになって波間に浮かんでいる。

今から3億7000万年ほど前、今は失われた世界の海辺に総鰭類が出現した。その姿は今日のシーラカンスに似ていたのではないかと考えられている。その後、何万年もかけて潮だまりや干潟、河口へとおそるおそる進出し、必要に迫られたときは砂浜や土手を越えた。何代も世代を重ねていくうちに、生物は海と陸が接する地形にみごとに適応し、陸で過ごす時間が増えていった。そして、ついに魚やサンショウウオに似た形をした陸上だけで暮らす生物が現れた。初の陸生脊椎動物が誕生したのだ。進化における大発明をなしとげた生物の子孫は、それから何百万年もの間に恐竜を含むさまざまなグループに分かれていった。だが、生命は現状にとどまることがない。陸地を征服した生物に、やがて海を振り返る時が訪れる。

上：カリブ海沿岸の浅瀬で小さな群れをなし、海草を食んでいる海牛目のアメリカマナティー *Trichechus manatus*。フロリダでは、メキシコ湾に冷たい風が吹きすさぶ冬になると、マナティーは内陸部の淡水河川へと移動し、春になるまでそこで過ごす。フロリダの川は水温が20℃を下回ることはけっしてない。マナティーの体は夏の間にびっしりと海藻に覆われるが、川に到着すると淡水魚がこれをつついてきれいにする。写真のマナティーの体には海藻がもうほとんど残っていない。

下:アメリカ大陸にヨーロッパ人が初めて足を踏み入れた頃、アメリカマナティー *Trichechus manatus* は今よりもはるかに数が多く、場所によっては何千頭もの大きな群れをなしていた。その肉は美味とされ、海賊たちはモスキート・コーストのアメリカ先住民にマナティーを狩らせた。写真は暖かいフロリダのクリスタル・リバーで越冬しているマナティー。体に蓄えた脂肪で冬を乗り切る。マナティーは手厚く保護され、頭数は徐々に回復しつつあるが、ボートとの衝突事故もあり、汚染物質の流出により有害なアオコや赤潮が発生するなど、まだ絶滅の危険から脱してはいない。

淡水から海へと最初に適応進化したのはウミガメだった。2億2000万年ほど前のことだ。爬虫類で最も遅く出現したのはヘビで、1億3500万年ほど前だったが、その後しばらくして海に移住している。海鳥と呼ばれる鳥が現れるのはおよそ1億年前だ。哺乳類の誕生はそれより早い2億500万年ほど前だったが、海への進出はずっと遅く、少なくとも7回に分かれていた。クジラとイルカ、ジュゴンとマナティー、アザラシとアシカ、ラッコ、ホッキョクグマ、そしてすでに絶滅した2つのグループ、水生ナマケモノと草食性で半水棲のデスモスチルス類だ。ジュゴンとマナティーとクジラはおよそ5000万年前に、アザラシとアシカは3000万年前に海に進出したと考えられている。

右:息継ぎをし、再び潜っていくアオウミガメ Chelonia mydas。かつて人気のあった「カメのスープ」には主にアオウミガメが利用されていた。スープに使うのは肉ではなく、腹面の甲羅の内側にあるゼラチン質の黄色い脂肪性物質だ。カメのスープはアメリカでは大統領主催の晩餐会に供され、イギリスのチャーチル首相の好物でもあったが、人気が災いし、野生のウミガメが激減した。1960年代に保護活動が高まり、ウミガメのスープは人気を失った。今日のふかひれスープも同じ道を辿ってほしいと願っている。絶滅目前のサメをなんとか守りたいのだ。[マレーシアのサバにて撮影]

左ページ：大型のオスのタイマイ Eretmochelys imbricata が水の中を「飛んで」いる。泳ぐ動作と飛ぶ動作はさほど変わらない。大きな差は空気と水の密度の違いぐらいだ。ウミガメは鳥の翼のように前肢をはばたかせ、体を前進させる。

左：海面で息継ぎをし、岩礁に戻っていくアオマダラウミヘビ Laticauda colubrina。このウミヘビは、岩礁の割れ目の奥に潜んでいるギンポ類を狩りの対象とし、効き目の早い毒で動けなくすると言われているが、撮影者のアレックスはいろいろな魚を追っている姿を目撃している。みごと獲物をしとめると、ウミヘビは陸に戻って腹ごなしをする。満腹で重たくなった体のまま水中にいると、今度は自分が誰かの餌食となりかねないからだ。［フィリピンのアポ島にて撮影］

右:マサバ Scomber japonicus の群れに突っこむアオノドヒメウ Phalacrocorax penicillatus。[カリフォルニア州ロサンゼルス近くの石油掘削装置の下で撮影]

海生脊椎動物が誕生してから計り知れないほどの年月が経っているが、彼らは今でもかつての陸上生活の名残りをとどめている。どの海生動物も水面に出て呼吸しなければならない。進化してえらを持つのは非常に難しいのだろう(水から酸素を抽出するよりも酸素のはるかに多い空中から取りこむ方がずっとたやすいため、肺からえらへという進化は選択肢にならなかったのかもしれない)。呼吸の他にも、陸地が欠かせない海生動物がいる。ウミガメ、ウミヘビ、海鳥などは必ず陸地で産卵する。また、ウミヘビ、ジュゴンとマナティー、海鳥は河川の淡水を飲み水としている。いっぽう、カニのように海から陸に上がった生物の中にも、海生動物とは逆の名残りをとどめているものがいる。ヤシガニやオカヤドカリ類など、成体は完全に陸生であっても、産卵時には海に戻り、幼生は海生のカニと同様に海を漂って暮らす。

上:海鳥でもアジサシなどは、捕食魚が小魚の群れを水面近くに追いやるのを待っているが、鵜は水中にまで入っていける。このアオノドヒメウ Phalacrocorax penicillatus は、水かきのある幅広い足を使い、沖の石油掘削装置の下まで潜っている。アザラシやサメやマグロに追われて逃げまどう小魚の群れの中で狩っている姿もしばしば見かける。鵜は驚くほど動きが素早い。カメラマンのアレックスはアシカが追っている魚を鵜が横取りするのを目撃したことがあるという。アシカは自分より小さな鵜を容易に捕えられたはずだが、追おうとしなかった。アシカにとって、魚の方がはるかにうまいのだろう。

顕花植物（花をつける植物）も陸から海へと進出した。植物は4億5000万年ほど前に藻類として海から陸に上がり、1億年ほど前に海草やマングローブが波打ち際に進出した。ただ、こうした植物はあくまでも水が浅く、成長するために光を得られ、根を張る堆積物がある場所に限られる。海を漂流する花はなく、存在するのは海藻と単細胞の植物プランクトンだけである。

魚は海から淡水へと進出したが、一部の魚は淡水で過ごす時期と海水で過ごす時期を分けている。サケの成魚は海で暮らしているが、産卵期には河川をさかのぼる。塩分濃度の変化には、主に河口の汽水域で体を生理的に調整して対処する。いっぽう、ウナギの成魚は河川で暮らしているが、産卵期にははるか彼方の外洋や深海まで移動する。

左:秋にベニザケ *Oncorhynchus nerka* が生まれた場所に戻ろうと、必死に川をさかのぼっている。ベニザケは生涯に一度しか産卵をせず、産卵後に息絶える。死骸は下流へと流され、渦に巻きこまれ、または小石が積もる岸辺に打ち上げられる。カメラマンのアレックスはこの写真を撮るために、朽ちかけたサケをまたいで歩かなければならなかった。鼻をつく強烈な悪臭は、彼にとって一生忘れられないだろう。

下:サケの生息地は一生のうちに淡水の河川と大洋とに二分される。このオスのベニザケ *Oncorhynchus nerka* は何週間か前に海で最後の餌を食べてから、顎が変形して大きく曲がった。砂利の河床でメスに産卵させる権利を求め、他のオスと戦うためだ。

我々人間も海と陸とを移動する生物なのかもしれない。だが、海に進出できるようになったのは進化したからではなく、創意工夫と技術進歩のおかげだ。海の旅は、一般に思われているよりもはるかに古い時代までさかのぼれる。人類が食糧の豊富な海辺の近くで生活していた期間は非常に長い。人類が食べていた最古の海の幸は貝だ。16万4000年前に南アフリカの海岸近くの洞窟で貝を食べた痕跡が発見されている。現生人類はアフリカ大陸を出ると、アラビアからアジアの南岸伝いに急速に広がっていった。インドネシアの島々にたどり着いたのは約6万年前だった。それから約1万年後にはオーストラリアに進出した。その頃には、おそらく原始的な小舟を作っていたと思われる。沿岸に近い海で魚を獲れる程度にはなっていただろう。

上：ふだんは波の荒い海が穏やかになった。この機を逃さず、クロウミガメ *Chelonia mydas agassizii* が海藻を食べている。溶岩をみごとに覆い尽くしたこの海藻を食べるのはクロウミガメだけではない。やはり陸上から海に回帰した別の爬虫類、ウミイグアナ *Amblyrhynchus cristatus* もそうだ。カメは産卵のためだけに陸上に戻るが、イグアナは食餌のためだけに海に戻る。

右:熱帯地方の沿岸部はマングローブ林に縁どられている。林は北にも南にも広がるが、冬に霜が降りる地帯で行く手をさえぎられる。林冠の下に複雑な根を張り、これで泥を逃がさないようにしつつ、何千年もの間に泥炭を何層にも分厚く築き上げてきた。マングローブは沿岸部の低地に住む人々や作物を大型の熱帯低気圧から守っている。さらに、地球温暖化により海面上昇が生じても、その影響を弱めることが期待されている。泥を蓄えるため、海面が上昇するにつれ、沿岸が高くなっていくと考えられるからだ。ただし、泥が十分にあり、マングローブが材木利用のため、または魚の養殖池を作るために伐採されない場所に限られる。

はるか昔、人類は進化の過程で水と、おそらくは海そのものと深い関わりがあったのかもしれない。我々は誰もが水への適合を示す特徴を備えている。水中や水辺での暮らしに適しているというだけで、今の生活にはほとんど無意味な特徴だ。潜水反射もその一例で、顔を水につけると心拍数が低下する。また、我々はほとんどの陸生哺乳動物よりも皮下脂肪が多く、体脂肪含量はナガスクジラに匹敵する。我々の祖先の一部は海を泳ぎ、潜って甲殻類を採取していたかもしれない、と人類学者は推測している。人が海に深い情緒的な関わりを感じるのは、おそらくこのせいだろう。海のそばでの生活に我々は憧れる。イギリスで行われた研究によると、沿岸部で暮らしている人は内陸部の人よりも概して健康で長生きだという。

上:インドネシアのマングローブ林にて。根についているトゲトサカ属 Dendronephthya sp. の軟サンゴ。マングローブというと、熱帯の河川が海と接する辺りの、濁って泥の多い場所に生えるものと思われがちだが、サンゴ礁のある澄みきった水辺でも育つことがある。

右:カエルアンコウに似た姿のスポッティド・ハンドフィッシュ Brachionichthys hirsutus の生息地は世界にただ1カ所、オーストラリアのタスマニア州ホバートの河口しか知られていない。海と川が出合う汽水域に生息するこの魚は胸びれが「腕」に変化し、「指」を使って水底の石をよじ登ったりしている。だから英語でハンドフィッシュと呼ばれるのだ。生息範囲がきわめて狭いため、環境状態が悪化すると絶滅するリスクが非常に高い。実際、極東から来た貨物船にたまたまついていたマヒトデ Asterias amurensis のせいで、環境状態が悪化した。この魚は水底に卵を産みつけるのだが、マヒトデがこれを食べるため、絶滅寸前になっている。

96　第4章　陸から海へ

人類の長い歴史の中で、海は我々の暮らしを形作ってきた。ある種の壁として、探検や逃亡のための道として、名声や繁栄を広げる伝達ルートとして、そして食糧源としても。海はまた、嵐や洪水、津波の恐怖ももたらしてきた。今日、海の存在意義はますます高まっている。海は主要な通商路であり、国際間で取引される商品の90％が海上ルートで運ばれている。だが、これだけではない。海は地球上の生物（陸生も水生も）にとって非常に重要な役割を果たしていることが、今になってようやくわかってきた。海は地球上の生命が活動できる空間の95％以上を占めており、生物が生きるために必要な環境づくりにきわめて重要な役割を担っている。したがって、海の中で生じていることは、単なる好奇心の問題ではなく、生きとし生ける者すべての健康に関わる重大な問題なのだ。我々は長い間、海には何をしてもよいと思いこんでいた。そこは欲しいものを得て、不要品を捨てる場所だった。だが、このような態度を今後も続けていくことはできない。地球を変える力を手に入れた今、我々人類はその力を駆使して地球を守ることを覚える必要がある。

左:ハシナガイルカ Stenella longirostris は、イルカの中でおそらく最も活発な種だろう。群れで移動しながら、バレエダンサーのように回転したり、高くジャンプしたりする。群れは何百頭、何千頭になることもある。広い外洋での狩りは、協力して獲物を囲い込む戦法を使う。複数の群れで被食魚群を取り囲み、追い込んでボール状にし、一度に1〜2頭ずつ突入しては思う存分腹を満たす。

上:ギンポの仲間は世界に800種以上いる。そのうち3種を除いてすべて海で一生を過ごす。写真は淡水産のギンポ、フレッシュウォーター・ブレニー Salaria fluviatilis のオスで、イタリアのサルデーニャ島の山中を流れる海抜700メートルの川に生息している。このギンポと近縁の2種(そのうち1種はギリシャ山中に生息)は、いずれも過去のある時期に淡水に進出した単一種から進化したものと思われる。この祖先はおそらく淡水でも海水でも生きられ、地中海周辺の川や湖にコロニーを作っていったのだろう。

第5章
Spineless
無脊椎動物

生物が水、大気、土から巨大な棲家を作り出せるのは、生命の不思議のひとつだ。木々は森を、葦（あし）は広大な湿地を作り上げる。だが、生物はさらに驚くべき魔法を使う。たとえば、ごく小さな動物が山を築くことがある。西アフリカのナミブ砂漠の中心部には、平坦な地に低い岩山がいくつも連なっている。干上がり、岩山を彩る草木など1本も生えていそうにない。岩は5億年以上もの間に侵食され、角が取れている。なんの変哲もない岩山に見えるが、これは生物史上ごく初期の造礁サンゴが築いたものなのだ。

左：ハナギンチャクの一種 Cerianthus sp. の触手の「木陰」に身を潜めるマルガザミ Lissocarcinus laevis。ハナギンチャクの触手には刺胞があるので安心だ。

クロウディナは体幅数ミリ、体長15センチほどのごく小さな生物だった。ゴカイの仲間か、軟体動物か、どちらでもないのか、はっきりしたことはわかっていない。この生物の特筆すべき点は、海水に含まれる炭酸カルシウム——チョークの主原料である——を利用して外骨格を作る能力を持っていたことだ。それから数千万年後に進化の大波が押し寄せ、さまざまな生物が一気に出現するのだが、クロウディナはこのカンブリア爆発の先駆的存在だった。クロウディナが築いた岩山はさておき、5億4200万年前から始まるカンブリア紀よりも前に生きていた生物は謎に包まれている。ほとんどが小型の軟体動物だったため、岩に残された影のような化石しか手がかりがない。カンブリア爆発以降は、化石とはっきりわかるものが至る所で発見されている。まるで神が生命に形を与えたかのように。

上：ハナヤサイサンゴの一種 Pocillopora sp. の上で身構えたようなポーズをとるオオアカホシサンゴガニ Trapezia rufopunetata のメス。この小さなカニは安全な「石の棲家」を利用させてもらう代わりに、サンゴを食べるオニヒトデ Acanthaster planci の攻撃からサンゴを守る。ヒトデの管足を切り取り、立ち去らせるのだ。さらに、サンゴに泥などが落ちてくるとポリプ（サンゴ虫）は生きていけないが、カニはこの掃除も手伝っている。

右：今日のサンゴ礁は進化上の画期的な出来事から生まれた。光合成を行う単細胞藻類の褐虫藻（かっちゅうそう）がサンゴと共生し、これによって海水から炭酸カルシウムの形成が促されたのだ。褐虫藻のおかげでサンゴは成長率が高まり、チョークの主原料である炭酸塩を沈着させることができるようになった。炭酸塩が溶けたり侵食されたりするより、沈着する速度の方がはるかに速かった。だが、サンゴには「アキレス腱」がある。大気中の二酸化炭素量が増加し、海水に溶ける量が多くなると、海水の酸性度が高くなり、炭酸カルシウムが溶けるのだ。我々がすぐに化石燃料の使用をやめない限り、サンゴ礁が活発に築かれている今の時代がいきなり幕を下ろすことになりかねない。

進化の過程で化石になりやすい身体部位が生じたことは、生命の歴史において重要な転機となった。背骨のない無脊椎動物が殻や外骨格を手に入れたのは、捕食者の出現による結果だと多くの科学者が信じている。捕食者と被食者間の食いつ食われつの競争の中で、目を見張るような進化が起こり、次から次に新たな生物が誕生し、世界中の海に広がっていった。無脊椎動物の時代が訪れたのだ。

右:バーミリオン・スターフィッシュと呼ばれる色鮮やかなヒトデ Mediaster aequalis の体表約2センチ平方を拡大したもの。ノウサンゴの表面のように見える三角形の構造は多孔板と呼ばれ、ヒトデの全身に海水を巡らす放射水管と、体外の海水とを結ぶ弁の働きをする。小さな繊毛(せんもう)の動きによって、海水が多孔板から体内へと汲み入れられ、水管系に圧力がかかり、管足を動かすことができる。こうしてヒトデは動き回り、餌を探し、獲物に襲いかかる。

右ページ:科学の力で思いがけないものが発見される。ムラサキカイメン属の一種 Haliclona sp. の表面に群がる、この小さくカラフルな等脚類 Santia sp.(ワラジムシの仲間)は非常に目立つが、目を見張らせられるのは見た目だけではない。カラフルな色は、彼らが体表で「飼育して」いる単細胞の光合成微生物によるものだ。彼らは微生物が十分に光合成できるよう、日の当たる場所に集まる。当然ながら捕食者に襲われやすいのだが、微生物は不快な味の化学物質を出し、自らを守ると同時に等脚類も守っている。もっとも、この等脚類にとっては微生物が美味しいらしく、熟したみずみずしいオレンジをもぎ取るような調子で微生物をつまんでいる(色のはげている部分は微生物を掻き落とした箇所)。2色あるのは微生物の色が異なるからだ。微生物の種が異なるのかもしれない。また、写真には目に見えないほど小さなカイアシ類も海綿上にいる。微小な彼らにはなんの秘密もないなど、誰が言えるだろう?

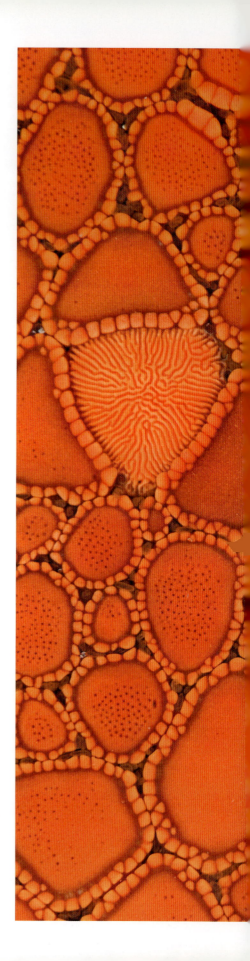

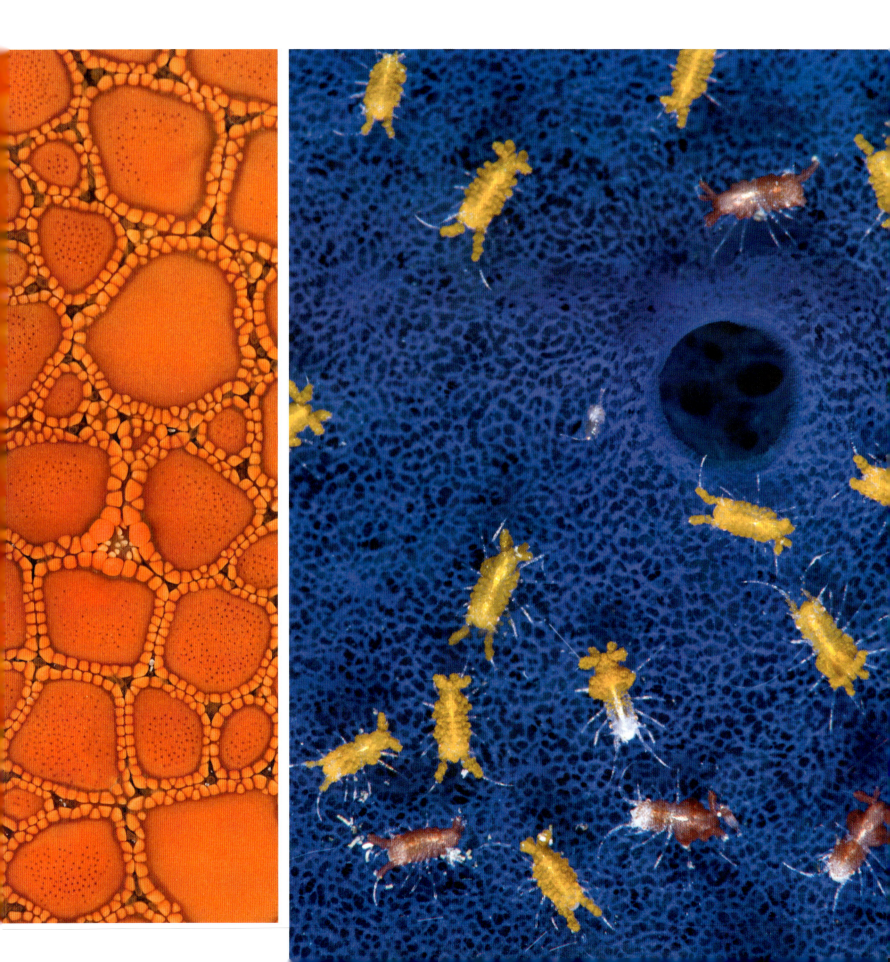

右：サンゴ礁での暮らしはゴージャスで、驚きに満ちている。目を近づけてよくよく見ると、新たな世界が開けてくる。写真はサンゴの上で求愛中の体長2センチほどのトゲツノメエビ *Phyllognathia ceratophthalmus* のペア。

左：アオヒトデ *Linckia laevigata* に乗るフリソデエビ *Hymenocera elegans*。このエビはヒトデを餌とし、ヒトデを裏返して生ける食物貯蔵庫とする。自分よりはるかに大きなヒトデを2匹で協力して裏返すこともある。体長2センチ程度。

無脊椎動物の現生種のほぼすべてに共通する基盤が作られたのはこの時代だった。現生種よりはるかに多くの種が絶滅しているが、基盤はそれらにも共通していた。クロウディナの他にも、壺型の海綿のようなアルカエオキアツスなど、外骨格から白亜質の礁を作れる種が出現した。カンブリア紀から5億年の間に、「サンゴ礁」の建築家たちが周期ごとに登場しては去っている。どの周期も大量絶滅で終わり、生命はほとばしるような進化を遂げて新たな形となり、空きの出た生態的地位を埋めていく。こうして新たな周期が始まる。大量絶滅は過去に5回生じているが、最大規模はペルム紀末に生じた3回目だ。2億5200万年前に始まり、200万年ほどの間に地球上の生命のじつに95％が絶滅したと推定されている。

右：パラオのジェリーフィッシュ・レイクに生息する無数のクラゲ。パラオにはこの湖を含め、いくつかの湖が2万年ほど前に海から孤立した。湖は石灰岩の亀裂を通じて海とつながり、湖水は入れ替わっているが、クラゲは数千年間も湖に閉じこめられたままだ。5つの湖には、それぞれ独自の、おそらくはタコクラゲ *Mastigias papua* の亜種が驚くほど多数生息している。孤立により、湖ごとに異なる進化を遂げていったのだ。

地球史に残る5回の大量絶滅はすべて、二酸化炭素が大気中に大量に放出され、一気に地球温暖化が進んだことと関連している。ペルム紀末(約2億5100万年前)の大量絶滅では、熱帯の海水温度が40度を超えた。だが、海洋生物にとって、水温上昇だけが問題ではなく、これが最悪の問題でもなかったと言えるだろう。二酸化炭素は水に溶けると炭酸を発生させる。炭酸は海水に溶けている炭酸塩を減らす効果があるが、炭酸塩は白亜質の殻や外骨格を作るのに欠かせない成分なのだ。今まで大切な資産だったものがいきなり負債に転じ、大量絶滅が起きるたびに進化のサクセス・ストーリーは途切れたのだ。

上:絵画のように見えるウミウチワ　　右:ウミユリ

左ページ：触手を伸ばしたキタユウレイクラゲ *Cyanea capillata*。わざわざクラゲを食べる生物は少ない。ろくにカロリーを得られないからだ。例外のひとつは巨大なオサガメ *Dermochelys coriacea* で、春と夏のプランクトンが大発生する季節になると、高緯度の水域に移動する。ある研究によると、オサガメは自分の体重の4分の3ほどのクラゲを毎日食べるとされる。つまり、1日に採食するクラゲは何百匹にもなる。

左：ノルウェーのグレンに生息しているさまざまなウミウシ。ウミウシは3億5000万年ほど前に、殻を持つ軟体動物から枝分かれした。幼生は今でも殻を持ち、プランクトンとして漂っているが、変態して幼体になるとき殻を脱ぎ捨て、海底に下り、その後は一生海底で過ごす。ウミウシは他の生物が食べようとしない生物を食べ、餌が作った毒となる化学物質を自分の体に蓄える。鮮やかな色は、まずくて毒があると捕食者に警告するものだ。

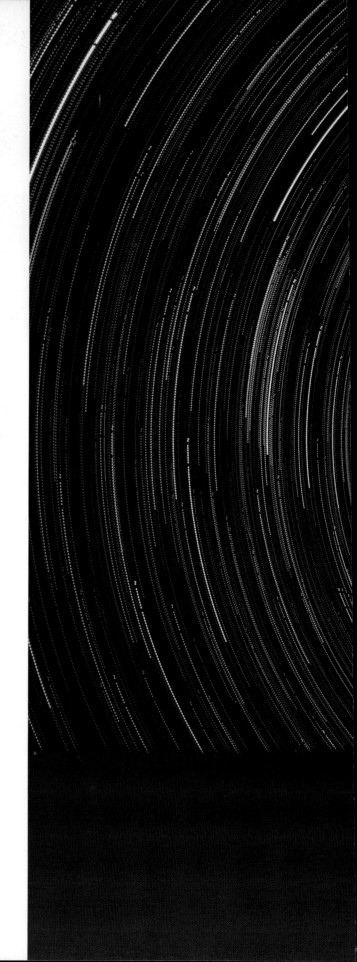

どの大量絶滅のときでも「サンゴ礁」は消滅し、その後の地質記録には長い空白が存在している。だが、白亜質の殻や外骨格は、持っている者にとっては非常に有利となるため、海の状態が正常に戻ると、殻や外骨格を備えた新たな生物が急激に増え、絶滅により生じた隙間を埋めていった。ペルム紀末の大量絶滅から2000〜3000万年後、サンゴの新種が褐虫藻と呼ばれる単細胞藻類の新種と手を組んだ。褐虫藻はサンゴの組織内に棲み、光合成をして得たエネルギーをサンゴに与えたのだ。このたぐいまれな協力関係により、サンゴは成長が速くなり、非常に強固なサンゴ礁を作れるようになった。6600万年後にはまたも大量絶滅が生じ、恐竜が死に絶えたが、その間もサンゴは生き残った。現代はこのイシサンゴ（造礁サンゴ）の全盛期なのだ。最後の氷河期が終結してから2億年の間に、サンゴは急激に増えていった。だが、サンゴの時代は終わろうとしているのかもしれない。その原因は我々人間にある。

右：美しいミノウミウシの仲間 *Flabellina pellucida*。ウミウシは英語でsea slug（海のナメクジ）と呼ばれるが、この呼び名では半透明で優雅な姿をうまく言い表せていない。この写真はノルウェーの夜空に輝く星の動きを出すため、80枚の写真をデジタル処理して1枚ずつ重ねたもの。

1750年に産業革命が始まってから、二酸化炭素の排出により海水の酸性度は30％上昇している。もし我々が今の調子で化石燃料を燃やし続けると、酸性度は2100年までに150％上昇する。ペルム紀末の大量絶滅時より10倍も速いスピードだ。我々は未知の領域に足を踏み入れている。室内実験を行っても、地史をひもといても、結果は同じ方向を指し示している——白亜質の殻や外骨格を作る生物にとって、再び受難の時代が来る、と。サンゴが礁を築かなくなるのは早くて2050年だと考える者もいるし、そこまではっきりとは言えないとする者もいる。いずれにしても、我々人類がもたらしている海の変質により、生きて栄えるために何が必要かを根底から定義しなおすことになりそうだ。白亜質の構造を持つ種は被害を受け、そのような構造を持っていない種は栄えるかもしれない。

上：インドネシアのスラウェシ島北部、レンベ海峡の海底は泥ばかりで、身を隠せるようなものがあまりない。このメジロダコ *Amphioctopus marginatus* はみごとな保身術を身につけた。半分に割れたココナツの殻を2つ抱え、つま先だって歩き、身を守る必要があるときはこれを組み合わせて隠れ家とする。この行動は1回限りではなく、繰り返されることが観察されており、「道具を使うタコ」として有名だ。

右：求愛中のミミックオクトパス *Thaumoctopus mimicus* のペア。小型のオスがメスに乗り、触腕を使って精子が入った精莢（せいきょう）をメスの外套膜（がいとうまく）の内側に入れようとしている。ミミックオクトパスはその名の通り、有毒生物の姿形や配色を真似る（ミミック）能力を持つ。うまいことを考えついたものだが、撮影者のアレックスはそこまで断言できずにいる。このタコを何時間も見つめてきた彼は、こんなふうに考えるのだ。たえず形を変え続ける雲のように、我々の目に映る姿はほんの一時的なものにすぎないのではないか、と。

左:紅海で戦っているワモンダコ *Octopus cyanea*。2匹ともおそらくオスだ。この種は相手の漏斗(ろうと)に腕をきつく巻きつけ、「窒息」死させることが知られている。交尾中のメスがオスにこれをやり、なんと食べてしまった例もある。

ペルム紀末の大量絶滅後、海は今よりも酸性度が高く、溶存酸素量は少なかったが、それでもイカとタコはうまく乗り切った。22世紀も繁栄するかもしれない。だが、いちばん強かったのは殻を持たない無脊椎動物のうち水中を漂うゼラチン質動物プランクトンだ。近年、クラゲ、サルパ、クシクラゲなどは前例のない好条件が重なり、増加傾向が見られている。白亜質の構造を持たないため、海水の高酸性化は痛くもかゆくもない。暖かい環境を好むものが多いため、地球温暖化も問題ではない。しかも、栄養に富む環境を好むため、下水や農園から出る物質が海に流出して富栄養化をもたらすのはありがたい。さらに、捕食者である大型魚類は乱獲されている。クラゲの急増はこれからさらに進むと考えられており、科学者たちが言うように、我々は地史を巻き戻しているのかもしれない。クロウディナが生きていたカンブリア紀より以前の、クラゲが支配していた海へ、と。今後何が起きようと、一部の無脊椎動物はチャンスをフルに活用していくだろう。

右：砂浜に棲むハマトビムシ（ヨコエビ）の親戚で、甲殻類の端脚目に属するクラゲノミの仲間は、テマリクラゲに乗ってヒッチハイクする。この端脚類ははるか昔、進化の過程で海底生活をやめ、プランクトン銀河の旅人となった。小惑星のクラゲに乗って海の宇宙を旅し、採餌も交尾も産卵もクラゲの上の小さな世界で行う。メスは胸部の保育嚢（のう）に卵を産みこみ、孵化するまで守る。ふさわしい種類のクラゲが近くに漂ってくると、そこに幼生を下ろして幸運を祈り、その場を去って再び自分の旅を続けるのだ。

第6章
Seaweed cathedrals
海藻の大聖堂

ケルプの森は温暖地帯の海岸沿いに延々と伸びている。中緯度地方に住んでいれば、最もなじみ深い海洋生態系のひとつだろう。だが、この森の大切さをわかっている人はあまりいない。ひょろ長く、ぬめりがあり、水面でゆらゆらしている葉状部しか見ていないからだ。真夏に潜って海底から見上げてみると、そこにはすばらしい光景が広がっている。木々は高くそびえ、葉はそよぎ、海底まで届く木洩れ日は大聖堂の窓から射しこむ光を思わせる。ケルプは成長の速い海藻だが、まさに森なのだ。ただ、陸上の森とは異なり、ケルプの森が存在する期間は限られている。毎年、冬の嵐がやって来ると「木々」は切り株しか残らない。大聖堂はばらばらになり、海岸に打ち上げられ、べとべとした漂着物として朽ちていく。

左:水面に向かって伸びるジャイアントケルプ Macrocystis pyrifera は大聖堂の円柱を思わせる。海底の岩はサンゴ藻に覆われた部分が紫色に染まり、ソフトコーラルの赤いヤギの仲間 Lophogorgia chilensis が華やかさを添えている。コブダイ属のカリフォルニア・シープヘッド Semicossyphus pulcher のメスが右方向へと泳いでいる。たらふく食べて腹が膨れている。

ケルプの森は大西洋、太平洋、インド洋で見られるが、最も栄えているのは太平洋だ。ここではジャイアントケルプやブルケルプといった種が40メートル、60メートル、さらには80メートルにも成長する。ケルプは養分が豊富な冷たい海水を好む。根をしっかり張れる固い海底も必要だ。したがって、岩がごろごろして霧に包まれた沿岸が最も成長に適している。春がたけなわとなる頃、海底の岩を分厚く覆い、隙間に深く根を張っているこぶだらけの株が活動を始める。新芽が出ると、上へと競うように伸びていく。1日に50センチも成長し、初夏にはすでに立派な林冠が水面を覆い、森の下層は渋い茶色と緑の世界と化している。光を求めて林立する巨大な植物の間を進んでいると、畏怖の念を覚えずにはいられない。海底の岩は肉厚のサンゴ藻によって赤、黄土色、ピンク、オレンジに美しく彩られている。

上：ブルケルプ Nereocystis luetkeana の茎に止まり、餌を取っているメリベウミウシの仲間 Melibe leonina。採餌時は動かず、頭巾のように大きく膨らんだ口で水中の微小な餌を濾しとっているが、這うことも泳ぐこともできる。捕食者であるヒトデの管足が1本でも触れた瞬間、このウミウシはいきなり泳ぎだす。泳ぐ時間は数分間だ。

右：バンクーバー島ブラウニング・パスのブルケルプ Nereocystis lucetkeana の森に潜むヨコスジカジカ属のレッド・アイリッシュロード Hemilepidotus hemilepidotus、そしてメバル属のクイルバック・ロックフィッシュ Sebastes maliger（中央奥）と同属のコパー・ロックフィッシュ S. caurinus（左右奥）。レッド・アイリッシュロードは配色も印象的だが、子育ての方法も非常に変わっている。最高4匹までのオスが協力して卵を守るのだ。産卵するメスは1匹のときもあれば複数のときもある。

海底の岩から水面までの空間に森ができると、魚の群れが集まってくる。茎状部の間を潮が流れ、葉状部がはためく旗のようにそよぐ中、魚は流されまいとしつつ上下左右に動きながら、大量のプランクトンを運んでくる海流から楽々と採餌する。海底の岩の間では、がっしりした体つきのメバル、カサゴ、ギンポ、タコなどが最高の狩場や誰にも邪魔されずに食事が楽しめる場所を求めてしのぎを削っている。ケルプはまっすぐ上へと育っていく。古い葉はやがて破れ、海底に落ち、それがウニやアワビの餌となる。葉を保護しているねばねばの膜が薄くなってくると、海綿、コケムシ、ヒドロ虫、ホヤといった無脊椎動物が多数付着し、そこを隠れ家にするウミウシ、小エビ、ウミグモなどが、そしてそれらを餌にする小魚が集まってくる。

右:ジャイアントケルプ Macrocystis pyrifera の森でまどろむ
カリフォルニアアシカ Zalophus californianus の子ども。

左:窮屈そうに岩棚に収まっている4尾のカリフォルニアイセエビ Panulirus interruptus。カリフォルニアのチャネル諸島にて撮影。このような漁業禁止区域の岩礁にはイセエビが数多く生息し、岩のどの隙間にも見られるほどだ。イセエビはとりわけウニを好んで食べるため、ウニに食べられるケルプにとっては役立つ存在となっている。ウニは捕食者がいないと増えすぎ、海藻類を食べ尽くして岩だけにしてしまう。

上:海藻の茎はしなりやすい。だから潮の流れに身を任せ、干潮時には倒れている。日光の降り注ぐ海面に向かって立っていられるのは、空気の入っている浮き袋のおかげだ。写真はジャイアントケルプ Macrocystis pyrifera の浮き袋。

右:このオスのリーフィ・シードラゴン Phycodurus eques の育児嚢には卵がびっしりついている。タツノオトシゴやシードラゴンは、子が孵化するまでメスではなくオスが身ごもっている。こういう動物は数少ない。

カリフォルニアのチャネル諸島に人が住みついたのは今から1万2000年ほど前、人類がアメリカ大陸に定住したばかりの頃だったという。当時ケルプの森はアジアからアメリカ大陸へと続く主要道路の役割を果たしていた、と考古学者たちは主張している。日本やカムチャツカ半島の沿岸にはケルプが生い茂り、航海技術も誕生していたため、人々は海の恵みに支えられて、ケルプの道伝いにアリューシャン列島からカリフォルニアやメキシコまで進出することができた。当時の舟は葦を束ねたいかだと大差ないような代物だったが、ケルプには波の力をそぐ効果があり、穏やかな海の回廊が出来あがっていた。アメリカの太平洋岸北西部は豊かな海の恵みを享受できたため、北米先住民族は多くの時間を芸術の創作に費やすことができ、何千年もの間に洗練された文化を築いていった。

上:カナダの外洋で撮影したミズダコ *Enteroctopus dofleini*。寿命は3年から5年と短く、メスは洞穴に産卵すると約6カ月間、卵を捕食者から守り、卵を優しくゆすって酸素を行き渡らせ、汚れがつかないようにする。その間ずっと洞穴にこもりきりで、何も食べない。そして卵が孵化した後、メスは力尽きて死んでゆく。

右:クチバシカジカ *Rhamphocottus richardsonii* が軟サンゴや海綿の間を、指のような胸びれの先端を使い、そろそろと進んでいる。北太平洋に生息するこの魚は、フジツボの一種 *Balanus nubilis* に姿を似せて進化してきた。大きさもほぼ同じで、体長5〜8センチだ。空になったフジツボの殻を棲家とする。空き缶や空き瓶を利用することもある。繁殖期になるとメスはオスを追い回し、岩の割れ目や穴など逃げられない場所に追いつめ、産卵し、オスが受精させるのを見届けてから去っていく。オスはその場に残り、卵の見張りをする。孵化が間近に迫るとオスは卵を口に含み、広い場所に出て卵を吐き出す。その際に卵殻が割れ、仔魚が誕生する。

左:カナダの太平洋岸に生い茂るブルケルプ Nereocystis luetkeana の太い茎の間を泳ぐアメリカクロメヌケ Sebastes melanops の群れ。ケルプの森は魚、甲殻類、ラッコその他、数々の命をはぐくんできたため、最後の氷河期末から人々はケルプ伝いにアジアから北米へと移動し、環太平洋地域に「ケルプ・ハイウェイ」が出来あがっていたと考える考古学者もいる。

上:タスマニアのフォーテスキュー・ベイに生い茂るジャイアントケルプ Macrocystis pyrifera の森を泳ぐオーストラリアナヌカザメ Cephaloscyllium laticeps。ナヌカザメ類は英語でスウェルシャーク(膨張するサメ)と呼ばれる。実際この仲間はもっと大型のサメやアザラシに襲われると、水を大量に飲んで体を2倍に膨張させ、岩の裂け目にぴったりはまり、引きずり出されないようにする。

ケルプの森は捕食者にも被食者にも隠れ場所を提供している。シャチは北米西海岸沿いのケルプのそばに身を潜め、北極圏の餌場へと北上するコククジラの子どもに奇襲攻撃をしかける。捕鯨をする人々もやはりケルプの森を利用し、ケルプの茂る場に船を入れ、回遊しているクジラが手の届く範囲内に入ってくるのを待っていた。アシカやオットセイはケルプの森の中で狩りをし、もつれた葉の間に身を潜めてサメから逃れる。これほどまでに生命が一気に花開く場所は、ケルプの森の他になかなか見つからないだろう。だが、岩から森へ、そして再び岩へと季節の移ろいと共に規則正しく変化しているように見えるものの、この森は驚くほど脆弱なのだ。生態系の仕組みはそこに生息している生物の相互関係に依存していると、初めて明らかにされた舞台はケルプの森だった。北米の太平洋岸では、18世紀からラッコ漁が行われ、ラッコが絶滅寸前となった。すると、大部分のケルプが姿を消したのだ。ラッコの激減とケルプの消失はなんの関係もないように思われるが、じつは簡単に説明ができる。捕食者であるラッコがいなくなった結果、ウニやアワビが爆発的に増えてケルプを食害したのだ。ラッコのいない海でも、たとえばオーストラリアやニュージーランドでは、ウニやアワビを採餌する魚やロブスターが乱獲され、やはり同じ結果を招いている。

136 　第6章 海藻の大聖堂

左:林立するジャイアントケルプ Macrocystis pyrifera の森に流れてくるプランクトンを捕えるスズメダイ属のブラックスミス Chromis punctipinnis の群れ。

左上：北太平洋のケルプの森でマヒトデ科の紫色のヒトデ *Pisaster ochraceus* がイソギンチャクの群がる岩の斜面を這い上っている。輻長（中心から腕の先まで）50センチにもなるこのヒトデの研究がきっかけとなり、1960年代、一部の種がその生態系の中で要（キーストーン）となる役割を果たしていることが判明した。このヒトデをケルプの森から取り除くと、被食者だったフジツボやイガイがまもなくヒトデのいた場所を埋め尽くし、その結果、ケルプの葉状体や付着根に生息する多種多様な小動物が姿を消した。生態系のしくみを作る上で、捕食者が要となる役割を果たしていることは、今や世界のそこかしこで実証されている。

右上：クモガニ科コシマガニ属の一種 *Leptomithrax gaimardii* がホンダワラの上に乗り、カメラを用心深く見つめている。南オーストラリアに生息するこのカニは、毎年冬になると脱皮するためにポートフィリップ湾に集まってくる。その数は信じられないほど多い。脱皮したばかりの新しい殻は柔らかく、これが膨らみ固くなるまでの間は捕食者から身を守ることができない。多数のカニが集まって行う脱皮はおそらく捕食者を圧倒し、より多くの仲間が生き残れるようにするための作戦だと思われる。

上：小さなヤドリイバラモエビ *Lebbeus grandimanus*。ピンクのイソギンチャクの豪華な触手に守られている。

捕食者がいなくなると、思いがけない結果を招く。1768年、北太平洋に生息していたステラーカイギュウが絶滅した。1741年に博物学者のゲオルク・ステラーがアラスカを発見してロシアに帰国する途中、船が難破した。そのとき体長10メートルに達するカイギュウが発見され、彼の名がつけられた。当時はロシア本土に近いベーリング海やコッパー諸島に数千頭が生息していた。船の乗組員たちはカイギュウを食べてなんとか生き延び、高価なラッコの毛皮を何百と持ち帰った。これが引き金となり、一獲千金を夢見る人々がコッパー諸島に押しかけた。ラッコが姿を消していくにつれ、ケルプも次第に消滅していった。生き残っていた最後のステラーカイギュウが餓死したのは、この種が発見されてわずか27年後だった。

ラッコは手厚く保護されるようになった結果、アラスカからカリフォルニアまで生息域が広がり、全滅に近い状態だったケルプの森も復活してきた。また、タスマニア、ニュージーランド、南カリフォルニア、メキシコ、チリでも保護海域が設けられ、ラッコの数が増え、北米沿岸と同じケルプの森の再生という奇跡が生じつつある。

右:タスマニアの薄暗いケルプの森の中を泳ぐ抱卵中のヨウジウオの仲間、ウィーディ・シードラゴン*Phyllopteryx taeniolatus*のオス。2週間かけて愛をはぐくんでから、メスはオスの育児嚢に産卵する。卵にはねばねばした糸がついている。産卵直後にオスは精子を放ち、その場で小さく円を描くように回って受精させる。

左ページ：ゼニガタアザラシ *Phoca vitulina* にとって、ケルプの森は魚介類のバイキング・レストランのようなものだ。アザラシは最も広範囲に生息している生物のひとつで、北半球の寒冷地方の沿岸部ならどこでも見られる。写真はカリフォルニアで撮影したもの。太平洋岸のアザラシは、ヨーロッパ沿岸のアザラシと見た目がやや異なっている。カリフォルニアの人とヨーロッパの人の違いと同じようなものか？

左：リーフィ・シードラゴン *Phycodurus eques* の自撮り写真…ではない。南オーストラリアのヨーク半島にて。

第7章
The nature of beauty
美の本質

魚は海の生物の中で最も目を引く存在だ。映画の主役になるほど人々から広く愛されている。魚の美しさ、形の多様さにはとにかく圧倒される。もし人が魚になろうと思ったら、どんな魚になるか思い悩むことだろう。いったい、我々は魚の何に惹きつけられるのだろう？ イギリスのプリマスにあるナショナル・マリーン水族館で行われた実験によると、水槽に入っている魚の数と種類が多いほど、人に対する癒し効果が高いという。来館者はいろいろな魚が入っている水槽の前に立っている時間の方が長い。また、被験者に測定器をつけたところ、魚を見つめ始めて数分以内に心拍数と血圧が下がることが判明した。

左：シタビラメとも言われるウシノシタの仲間ほど、体の色を自在に変える魚は珍しい。写真はワモンウシノシタの仲間 *Brachirus heterolepis*。西パプアのサオネク島の海底は砂利で、それを模した斑点模様になっている。少し離れて見ると、ウシノシタは涙のしずくがつぶれたような形だ。和名は「牛の舌」。

生命の多様さ、豊富さに魅力を感じるのは、我々が長い進化の歴史の中で、自然と密接に関わってきたせいだろう。野生の生物や人の手が加えられていない場所は、意識下の深いところで我々の心に訴えかける。だが、美を定義するのは非常に難しい。美とは善、真実、正義と並ぶ普遍的な価値だとプラトンは考えた。たしかに、美しいものに接して激しく心を揺さぶられるという経験は誰もが味わったことがあるだろう。だが、特にアートの世界では、あるものを美しいと感じる人もいれば、同じものを愚弄する人もいる。それでも、誰にも共通する要素はあると言えそうだ。顔写真を見せられた人は、顔の造作が左右対称で、肌がなめらかな方が魅力的だと感じる。この好みは人種の違いを乗り越えるほど深く我々に根づいている。白人の写真を見せられたアジア人が選ぶ魅力的な顔は、白人が選ぶ顔と同じであり、逆にアジア人の写真の場合でもやはり同じ結果となる。左右対称は遺伝的適応度の高さを示すものだ、と生物学者は解釈する。なめらかな肌はもちろん若さと健康を示すものだ。また神経学者は、美しいと感じるのは、感覚を評価する脳のしくみ、つまり自分にとってそれが良いか悪いか──食べられるものか、結婚してもよさそうな相手か、油断ならない相手か、など──を判断するしくみと関係していることを突き止めた。だが、美的感覚のように、他の動物とは異なる人間の特性を科学的に解明する姿勢そのものを非常に嫌う人もいる。

146　第7章　美の本質

:イソギンポの仲間、トンポット・ブレニー Parablennius gatto-
rugine のオス。イギリス海峡のスワネージ桟橋の下で、捨てられた空き缶を棲家にしている。派手な色をしているのは、メスを惹きつけるためだ。自分の棲家に産卵させたオスは、孵化するまでの数日間、卵を必死に守る――腹を空かせた魚、カニ、ヒトデ、そして撮影しようと近づいてくるカメラマンから。無事に孵化した仔魚は、親に面倒を見てもらわずに生きていく。

下:ギンポにとって、穴は捕食者から身を守れる安全な場所だ。自然生息地が失われつつある世界では、空き缶でも格好の隠れ家となる。写真はハタタテギンポ属の一種 Petroscirtes lupus。[オーストラリアのシドニーにて撮影]

美しいと感じられる魚もいれば、そうではない魚もいる。その差はなんなのか？くすんだ色をして周囲に溶け込むことしか念頭にない魚は多い。だが、カムフラージュの才能そのものを我々は誉めたたえることもある。隠れることにかけては天下一品の魚、呆れるほど念の入った擬態をする魚を見ると、我々はすごいと思わずにはいられない。カエルアンコウが海綿や岩などに擬態するさまはじつにみごとで、それなりの美しさがそこにはある。タツノオトシゴの仲間がかわいいのは誰しも認めるだろうが、美しいかというと意見が分かれそうだ――周囲に完璧に溶け込むカムフラージュの才は別として。ウミウチワに生息しているピグミーシーホースはじつにカラフルだ。また、ケルプの間を泳ぐウィーディ・シードラゴンは、その色と形と動きで植物のように見せかける。

右：サンゴ礁でいちばん目を引くのは、その周囲に群がる魚の群れだろう。なかでもひときわ目立つのがキンギョハナダイ*Pseudanthias squamipinnis*だ。この魚の群れは潮に運ばれてくるプランクトンを採食したり、捕食魚が通るたびに安全な場所に逃げ込んだりと、たえず動いているが、群れの中にはある構造が出来あがっている。オスは体色がやや濃く、メスのハーレムを守り、コントロールしているのだ。写真の群れには背側がオレンジ色、腹側が青紫色のミナミハナダイ*Luzonichthys waitei*の群れも交じっている。

148　第7章　美の本質

左ページ：アラレフグ Arothron caeruleopunctatus の鰓腔（さいこう）から顔を覗かせているホンソメワケベラ Labroides dimidiatus。寄生虫や死んだ組織を掃除してくれるこの魚は、サンゴ礁では引っ張りだこだ。うなずくような独特の泳ぎ方で魚たちを惹きつけ、大胆にも捕食者の口の中にまで入っていき、いつも無傷で出てくる。この関係は清掃共生と呼ばれる。［タイにて撮影］

左：ニセゴイシウツボ Gymnothorax melanospilos のクローズアップ。［モルディブのバー環礁にて撮影］

我々の心の中で恐怖と美とは絡み合っている。それは進化の遺産と言えよう。恐れられる生物はたいてい見た目が醜く感じられ（クモやヘビなど）、鋭く大きな牙があると、どうしても印象が損なわれる。反対に、おとなしい動物はかわいがられやすい。食用になったり、人懐っこかったりしたらなおさらだ。魚を見ると、人の個性と結びつけたくなる。口角の下がったカエルアンコウやアンコウは、美しい環境にいるにもかかわらず、わざわざ岩のかけらや軟泥の中に潜んでいるので気難しそうに見える。サメやアジなどの魚は、無表情で冷たく高圧的な印象を受ける。ウツボには邪悪さが、ブダイには間抜けさが感じられる。唇が分厚く、顔の怖いハタは無愛想で、鹿の角がついた帽子をかぶっているように見えるギンポはひょうきん者だ。

右：フィリピンのネグロス島の岩礁で、ネズッポ科のロングテール・ドラゴネット Callionymus neptunius のオス2匹が争っている。この魚は、誰が交尾できるかを喧嘩で決める。オスは縄張りを作り、自分のハーレムを守る。喧嘩になると、ひれをこれでもかと見せつけ、相手に噛みつく。オスは体が大きいほど縄張りも広く、より多くのメスを得られる。繁殖期の間、元気なオスは毎日数匹のメスに産卵させる。

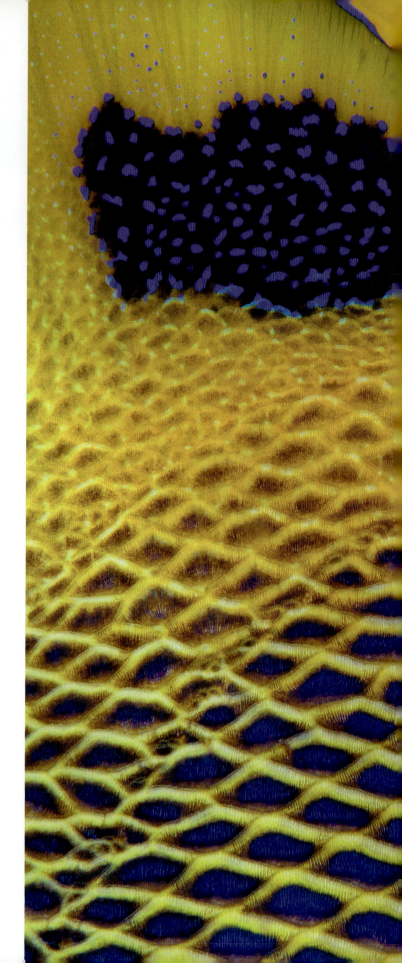

熱帯の海に生息している色鮮やかな魚は、くすんだ色の魚とは対極的な存在だ。黒と黄、青とオレンジといった強いコントラストを美しいと感じる人がほとんどだろう。なかには虹色の模様があり、ネオンサインで見るようなエレクトリックブルーに光って見える魚もいる。だが、こうした色や模様は魚にとってなんの意味があるのだろう？この点を理解するためには、我々も魚のように見、考える必要がある。群れをなして泳ぎ回る魚は縦縞模様が多い。魚の世界ではこの模様が平和的に協力するという印のように思われる。いっぽう、横縞模様は攻撃的で縄張りを主張する魚に多い。

前ページ：カリフォルニア湾などの豊かな海では、魚が巨大な群れを作る。まるで動く壁だ。見ていると目がくらみそうになる。写真はギンガメアジの一種 Caranx caballos で、銀色のタイル貼りの壁が出来あがっている。

156 第7章 美の本質

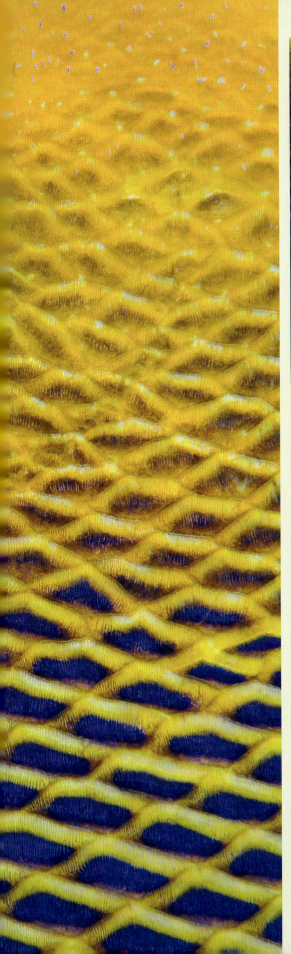
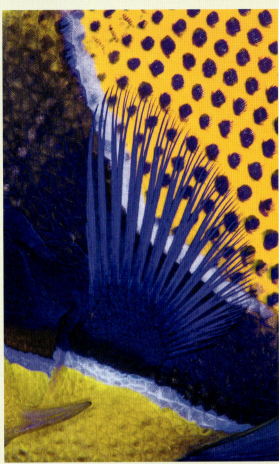

左ページから時計回り:「アート」としてのキンチャクダイの仲間たち。アデヤッコ *Pomacanthus xanthometopon*、タテジマキンチャクダイ *Pomacanthus imperator*、イナズマヤッコ *Pomacanthus navarchus*。

右ページ：クロサンゴの枝の中に隠れているこのスズメダイはイミテーター・ダムゼル *Pomacentrus imitator* だ。1964年に魚類学者のジルバート・ホイットリーが命名した。彼は新種のこの魚が、研究していた近縁種の擬態をしていると思い、「真似する者（イミテーター）」と名づけたのだが、のちに詳しく調べ、見た目もあまり似ていないことが判明した。つまり、イミテーター・ダムゼルは実在しない何者か、あるいは未知の種に擬態していることになる。

我々の目に映る色は、必ずしも魚が感知する色と同じではない。魚の中には紫外線に敏感なものもいる。紫外線は急速に水に吸収されるため、こうした魚はたいてい水面近くにいる。また、偏光が見える魚もいる。偏光下では輝きが薄れ、コントラストが際立つことがある。水中でフラッシュ撮影すると色の鮮やかさが強調され、自然光で見る色とは異なる場合が多い。水深が増すにつれ、可視光線のうち波長の長い赤がまず水に吸収され、次にオレンジ、黄色と順に吸収されていく。水深50～100メートルともなると青とグレーしか残っていない。赤は水深20メートル以上になるとダークグレー、または黒に見えるのだ。

右：イソバナの仲間の枝の上で格闘中のピグミーシーホース *Hippocampus bargibanti*。この種はピーナッツほどの大きさしかなく、擬態が巧みなため、発見できたのは偶然だった。イソバナを採取して水槽に入れたところ、このタツノオトシゴがくっついていたのだ。たいていは一夫一婦制で、1株のイソバナに何組ものペアが暮らすこともある。体が小さいため、一度に10個ほどしか産卵しない。大型種のタツノオトシゴは何百個も産卵する。[インドネシアのレンベ海峡にて撮影]

第7章 美の本質

左：洞窟を思わせる口には、光り輝くつららのような歯がびっしり生えている。ウツボの一種のファングトゥース・モレイ *Enchelycore anatina* だ。この歯で噛まれたら餌はまず逃げられないだろう。［カナリー諸島にて撮影］

魚の目にはさまざまな色素が混在していることが多く、金、紫、黄、赤、そして中間色が100色ほども斑点として散らばっている。わざわざ視界を不明瞭にしているようにも思われるが、色素はフィルターの役目を果たし、ある波長の光を遮断するため、魚はよりはっきりと物を見ることができるのだ。また、色素は輝きやまぶしさを抑え、ものの形をより鮮明にする働きもある。魚の中には光の状態に合わせて目の中の色を変化させるものまでいる。魚の目にある色素はこのように機能的なものだが、見た目にも非常に美しい。黒い瞳に金、エメラルド、ルビーのような斑点がちりばめられたさまは見とれずにはいられない。実際、魚をよく見てみると抽象画のように感じられ、新たなレベルの美的感覚を呼び覚まされる。「魚」ということを切り離して考えれば、鱗やひれの繊細な色使い、格子柄やジグザグ模様には見る者を圧倒し、心を奪う美しさがある。

上:ヨコスジカジカの仲間、レッド・アイリッシュロード Hemilepidotus hemilepidotusの目は美しい万華鏡を思わせる。色素の斑点はある波長の光を吸収するため、褐色のケルプの森の中でよりくっきりとものが見える。

下:この小さなカミソリウオ Solenostomus cyanopterus は海草の葉になりきり、斑点状の汚れまで模倣している。波にゆれるような泳ぎも海藻の切れ端にそっくりだ。ここまで擬態されると、よほど経験を積み、幸運に恵まれたダイバーでもないかぎり見つけるのは不可能だろう。ライティングのおかげで、のみこんだばかりの小魚が透けて見える。

魚同士で魅力を感じることはあるのだろうか？ メスは交尾相手を品定めすることが多い。顔の造作が左右対称でなめらかな肌の持ち主を美しいと我々が感じるように、魚のメスも無意識のうちに、一部のオスに美しさを感じるのかもしれない。だが、オスはどうかというと、その見境のなさにため息をつきたくなる。付きあってくれるなら誰でも大歓迎、というわけだ。

上：身を隠す術をマスターした魚は多い。敵の目をあざむく場合もあれば、餌を油断させる場合もある。このタッセルドカエルアンコウ Rhycherus filamentosus のカムフラージュはみごとだ。ほとんどの餌はのみこまれるまで危険に気づかないだろう。

右：カエルアンコウ Antennarius striatus はおそらく擬態の最たる例のひとつだろう――見つけられたらの話だが。海藻に覆われた岩に見えるカエルアンコウは、頭に「釣竿」があり、その先端に小さなミミズ状の疑似餌をつけている。これを使って餌をおびき寄せる。海底はどろどろで、この魚が生息する典型的な場所だ。［インドネシア、スラウェシ島のレンベ海峡にて撮影］

次ページ：マンボウ Mola mola は世界最大の硬骨魚（サメやマンタは軟骨魚）なのだが、ダイバーはめったにお目にかかれない。はるか沖の外洋で生息しているからだ。この写真はウシマンボウ Mola sp. で額の部分がふくらんでいることにより区別される。マンボウは英語でサンフィッシュ（太陽の魚）と呼ばれ、水面近くでゆっくりしている習性からこの名がついた。何百メートルも深く潜ってプランクトンなどを採餌しては水面に上がり、冷えきった体を暖めているのだ。近年ではアラスカ湾など高緯度地方まで生息域を広げている。我々が温室効果ガスを排出しているせいで、水温が上がっているからだ。

第8章
Sea change
海の変化

浅い岩礁帯が続くカリブ海のケイマン諸島。夜明けの光が岩礁の先端部を染めている。海の底では夜行性の生物が濃いグレーの岩陰に身を潜めた頃だ。昼行性の魚はそろそろと動き始めているが、岩礁からまだ離れずにいる。3匹の魚が大胆にも岩礁を離れ、ゆっくりと泳いでいる。豪華な扇のようなひれに光が当たっている。ひれのつけ根近くから鰭条（じょう）が伸び、半透明の鰭膜（まく）は切れ込んでいる。錆色、煉瓦色、白色がさまざまな色合いで鮮やかな模様を描き出す。額からは2本の角のようなものが生え、口の両端にはフリルのついた皮弁がついている。爆発したような色使いやひれの形から、この魚は花火を意味するファイヤーワークス・フィッシュと呼ばれることがある。また、チキン・フィッシュとも呼ばれる。派手な格好で目立とうとする若造（チキン）に似ているということなのだろう。だが、この魚とその近縁種はライオン・フィッシュと呼ばれることが多い。生態を考えると、この名が最も適した呼び方だと思う。

左：マルキクメイシの仲間のマウンテネス・スター・コーラル *Orbicella faveolata* は夜に産卵する。夏の終わりの2〜3日の間に、カリブ海全体でサンゴはいっせいに産卵を始める。卵と精子が入った粒（バンドル）がそれぞれのポリプ（個虫）から次々と放出される光景はじつに壮観だ。サンゴがどうやって産卵日を知るのかはわかっていない。圧倒されるほどの数のバンドルが放出されるため、捕食者に食べられるのはごく一部にすぎず、そのため多くのサンゴ幼生が生き延びることができる。

:軟体動物のヤギ類が生い茂る中を滑るように進むペレスジロザメ Carcharhinus perezi。

下:海の殺し屋の肖像写真。ハナミノカサゴ Pterois volitans はインド洋と太平洋に固有の魚だったが、1990年代初頭にフロリダ沿岸に放流された。故意にかどうかはわからない。その後あっという間に勢力を拡大し、今ではメキシコ湾からバミューダ諸島まで、パナマからブラジルまで生息している。故郷の海に棲む魚は賢く用心深いが、大西洋の魚はこの魚の危険さを知らなかった。だからハナミノカサゴはたらふく食べ、成長も速く、故郷の海で最大の個体の1.5倍にも大きくなった。カリブ海のサンゴ礁に生息する在来種の魚は減りつつあり、ハナミノカサゴがカリブ海の姿を永久に変えてしまうという不安が広がっている。

彼らはこの岩礁の支配者だと言わんばかりに、壺状の海綿やウミウチワの間を泳いでいる。無謀と思えそうなほど自信ありげに、恐れるものなど何もないと知っているかのように。実際、彼らに匹敵するほど危険な魚はここには生息していない。驚くべきは彼らが外来魚であり、この海にやってきたのが2008年だという点だ。まるでギャングが流れ着き、町を乗っ取ったようだ。

ハナミノカサゴの学名*Pterois volitans*は「翼を広げてホバリングする」「飛ぶ」という意味で、その生態をよく表している。もともとはインド洋や太平洋に生息していた。フロリダ沖のカリブ海で初めて発見されたのは1992年だった。誰かがペットを放流したに違いない。良かれと思ってそうしたのだろうが、おかげでハナミノカサゴは最も破壊的な外来魚のひとつとなった。故郷の海では体長25センチを超えることはほとんどなく、臆病で、たまにしか見かけないのだが、カリブ海では群れをなして堂々と泳ぎ回り、身を守る術を知らない在来魚を貪り食っている。おかげで体はステロイド剤を使ったようにたくましく、大きさも2倍近い。

172　第8章 海の変化

左:タツノイトコの仲間であるパイプホース Acentronura dendritica のメス。体長はわずか数センチで、USBメモリくらいの大きさしかない。ヨウジウオとタツノオトシゴの中間と考えられている。オスの腹部に育児嚢があり、メスはそこに産卵する。とても繊細な生き物だが、生息地は熱帯からカナダまでと広い。

下:フエダイの仲間のスクールマスター Lutjanus apodus はカリブ海ではよく見られる捕食者だ。昼は群れをなして休み（大群になることもある）、夕方になると散り散りになって夜通し狩りをする。稚魚はたいていマングローブの林で過ごす。入り組んだ気根の間に隠れて身を守りつつ、小さなカニやヨコエビ類を食べている。成長するとサンゴ礁に引っ越し、魚中心の食事に切り替える。

カリブ海の変化はハナミノカサゴの登場だけではない。ターコイズブルーの海はあくまでも美しく穏やかだが、海面下では破壊が生じている。別の侵入者とおぼしき者が1982年、パナマ運河を通って船でやってきた。太平洋から運ばれてきたバラスト水（貨物船が重心を安定させるために積んでいる海水）に含まれていたのだ。その微生物がもたらした病気はまたたく間に広がり、カリブ海に生息するウニの99％がわずか数年のうちに死んだ。草食性のウニが姿を消してまもなく海藻がはびこり、そのせいでサンゴが窒息死し始めた。特に草食性のブダイが乱獲されていた場所ではサンゴの死が目立った。1980年代にはさらに2つの病気がカリブ海で猛威を振るい、サンゴ礁を作るうえで最も重要なシカツノサンゴとミドリイシという2種類の造礁サンゴが壊滅的な被害に遭った。この2種類は現在レッドリスト（絶滅のおそれのある野生生物のリスト）のうち、絶滅寸前のカテゴリーに入っている。病原菌のひとつは、のちにヒトの腸内細菌と判明した。下水流出によりもたらされたのは明らかだ。

上：サンゴ礁には外敵がたくさんいるため、そこに棲む生物は卵を守ろうとさまざまな方法を編み出している。キガシラアゴアマダイ *Opistognathus aurifrons* のオスは、口の中で育てている卵塊を吐き出し、卵に酸素を行き渡らせている。穴を掘り、その底で眠る。夜は用心のために穴の入り口をふさぐ。

右：トウゴロウイワシ科の魚を狩るタイセイヨウイセゴイ（アトランティック・ターポン）*Megalops atlanticus*。ターポンは体長2メートルを超え、目はぎょろりとし、鏡のような鱗は1つがリンゴほどの大きさだ。古代魚らしい姿だが、じつは温帯の海に生息する小さなカライワシに近い仲間なのだ。

174　第8章 海の変化

左:ギンポの仲間のダイヤモンド・ブレニー *Malacoctenus boehlkei*。人の指ほどの大きさしかない。ピンクチップ・アネモネ*Condylactis gigantea*と呼ばれる大きなイソギンチャクの触手の中で休んでいる。クマノミの仲間はカリブ海には生息していないが、このギンポや近縁の数種は、クマノミと同じように、身を守る手段として刺胞を持つイソギンチャクを利用する。他の魚はイソギンチャクに刺されると命とりになる。

右:黄色い筒状の海綿 *Aplysina fistularis* を棲家にしたハゼの仲間のスポットライト・ゴビー *Elacatinus louisae*。カリブ海にはこの魚とよく似たネオンゴビーと呼ばれる仲間が20種以上も生息し、海綿の筒の中やサンゴの枝の間で暮らしている。それぞれ色のパターンが微妙に異なり、生息範囲で区別がつかないため、種の同定は難しい。一部の種は、インド洋や太平洋に生息するホンソメワケベラ *Labroides dimidiatus* と同じように、魚についた寄生虫や死んだ組織を掃除する。写真のスポットライト・ゴビーは海綿の中に棲んでいるゴカイなどの小動物を食べるタイプだ。

右ページ:ケイマン諸島のサンゴ礁の穴から顔を覗かせているギンポの仲間のセクレタリー・ブレニー *Acanthemblemaria maria*。この小さな魚は、貝類や海綿、ゴカイなどがあけた穴にちんまりと収まり、一生そこで暮らす。流れてくるプランクトンや近くの海藻の間に棲むヨコエビ類を見つけると、すばやく穴から飛び出す。

もうひとつの病気で被害に遭ったのは、塊状石サンゴのマルキクメイシの仲間であるマウンテネス・スター・コーラルなど、やはり非常に重要な造礁サンゴや軟サンゴだった。カリブ海の造礁サンゴ類（イシサンゴ目）はわずか20〜30年の間にその5分の4が失われ、サンゴ礁というよりは海藻礁とでも呼びたいような姿になった。カリブ海の生態系はなぜこれほどまでにもろいのだろう？ この問いに答えるためには350万年前までさかのぼる必要がある。南北に分かれていたアメリカ大陸が互いに接近し、パナマ地峡が誕生したときだ。その後まもなく——地質学用語での「まもなく」だが——カリブ海は生息地が狭まったことによって生物種が減り始めた。更新世氷河期による気候変動の影響もあった。今日カリブ海に生息しているサンゴはわずか61種、インド洋から太平洋にかけて見られる種の8％にすぎない。しかも、この61種のうち大規模なサンゴ礁を築けるものは4種か5種のみで、残りは飾りのようなものだ。

上：この3つのノウサンゴ Colpophyllia natans は、今日サンゴが直面している重大な2つの問題を示している。左の写真は健康なサンゴのコロニーだ。こんがり焼けたクッキーのような色は、サンゴの組織内に共生する褐虫藻という単細胞藻類による。サンゴと褐虫藻は互恵関係にある。サンゴは生きるための栄養のほとんどを褐虫藻から得るのに対し、褐虫藻はサンゴから「丈夫な石の家」という保護を得ているのだ。中央の写真は病気になったノウサンゴで、いわゆる白化である。この病気は1980年代に出現した。このサンゴの左側と

180　第8章 海の変化

下側の組織はまだ健康だが、帯状に白くなっている部分のサンゴは死んでいて、むきだしになった外骨格に緑藻類が育ち始めている。この写真を撮影してから2〜3週間後には、おそらく全体が死んでいたと思われる。カリブ海の主な造礁サンゴは、今やすべてが重病に冒されている。サンゴ礁が将来生き延びられるかどうかはわからない。右の写真のコロニーは完全に白化している。白化はサンゴと藻類との関係が壊れたときに発生する。ストレスを受けているサンゴからは褐虫藻が逃げ出してしまう。そしてサンゴ虫（個虫）が死んで白い外骨格がむき出しになる。白化の最も一般的な原因は水温上昇で、カリブ海の場合もこれが原因と思われる。白化現象が始まるとサンゴはしばらく細々と生きているが、1〜2カ月以上もこの状態が続くと餓死する。手遅れにならないうちにストレスが取り除かれると、サンゴは新たに褐虫藻を得て回復する。

左:ヌリワケヤッコ（ロックビューティ）Holacanthus tricolor
は夕暮れに産卵する。オスはメスより大きく、メスの脇腹をこ
すって産卵を促す。この種はメスとして成魚になり、のちに体
の最も大きな個体がオスになる。オスは数匹のメスのハーレ
ムを作って守る。

次ページ:グランド・バハマ島にて、フエダイ科のイエロー
テール・スナッパー Ocyurus chrysurus の群れに突っこむペ
レスメジロザメ Carcharhinus perezi。サンゴ礁に生息してい
るサメは、漁業が盛んになるとまっさきに姿を消していく。カ
リブ海では、サメが絶滅する危険のない場所はもうほとんど
残っていない。だが、バハマ諸島ではまだ多くのサメが生息
している。バハマ国はこの水域をサメの保護区域に指定し、
保護活動に力を入れている。オランダ領ボネール島など、カ
リブ海に浮かぶ他の島々の周辺にもサメの保護区ができれ
ば、サメの個体数は回復に向かっていくだろう。

右：獲物を探しているピンクガイ Strombus gigas。餌は海藻や海草の葉だ。浅い海にしか生息できないこの貝を、人は有史以前から採取してきた。だが、ダイバーがカリブ海に押し寄せるようになってから急激にその数が減った。1992年、ピンクガイはワシントン条約（絶滅のおそれのある野生動植物の種の国際取引に関する条約）のリストに登録された。軟体動物では初めて、商業的に採取される主な種でも初めてだった。そののち漁業管理が改善され、今は生息域のほとんどで絶滅の危険がなくなりつつある。

カリブ海のサンゴ礁は西太平洋やインド洋よりも少なく、そのため絶滅危惧種がはるかに多い。今後も絶滅危惧種は増えていくと思われる。生物多様性が低いと（あくまでも相対的な話だ。カリブ海は冷たい海よりはるかに種が多い）、造礁サンゴなど生態系の維持に欠かせない動植物が失われる可能性が高くなる。しかも、外来種が棲みつき広がっていくチャンスも大きい。病気もハナミノカサゴも、カリブ海にやってきた時期が早かったというだけで、侵入者はこれで終わりということにはならないだろう。グローバル化の波に乗り、世界のあちこちから外来種が押し寄せてくるに違いない。狭いカリブ海は、在来種と外来種が混ざり合うるつぼとなりつつある。今後どのように変わっていくかは想像するしかないが、カリブ海では過去30年間に生じた変化と同じほどの変化が、今後30年間にも生じる可能性が非常に高い。

下：グランドケイマン島ノースウォールに広がるエダミドリイシの仲間のスタグホーン・コーラル Acropora cervicornis。かつてはカリブ海全体の浅瀬で、この写真のような光景が見られた。だが、1980年代に感染力の強い病気がこの一帯で猛威を振るい、スタグホーン・コーラルは今や絶滅寸前となっている。その原因は我々だ。病原菌がヒトの腸内細菌であることが最近になって判明したのだ。下水と共に海に流れ込んだと考えられている。

左:捕食者の口。ハタの仲間であるナッソー・グルーパー*Epinephelus striatus*の口の中には後ろ向きのとげが幾重にも並び、捕えた獲物を逃がさない。

上:夕暮れに産卵しているインディゴ・ハムレット*Hypoplectrus indigo*。この魚は脊椎動物では珍しく、完全な雌雄同体だ。体内に卵巣と精巣を持っているので、いつでもメス、いつでもオスなのだ。写真では手前の個体がメスの役を演じているが、このペアはこの日の夕方、性を交互に変えながら数回産卵した。

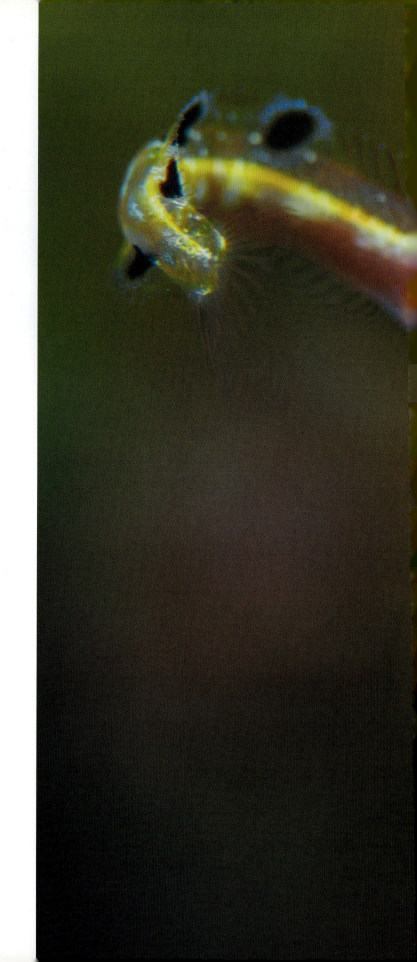

カリブ海では重大な破壊が進みつつあり、20万年続いた安定期に大きな打撃を与えている。この海の変化はこれから他の海でも生じてくるだろう。地球温暖化、海面上昇、海水の酸性化、乱獲、汚染、そしてグローバル化が海に与えている影響を考えると、今まで当然のように思っていたことが通用しなくなってもおかしくない。変化は我々が生きている今の世界の試金石であり、これから何世紀もそうであり続けるだろう。我々は変化に適応しようと四苦八苦するかもしれない。ただ、変化は必ずしも災難となるわけではない。カリブ海は今もなお、ため息が出るほど美しい——海の眺めも、そして海中も。我々がもし救いの手を差し伸べれば、この海は美しさを保ち続けるだろう。名医は患者にこう忠告する。ストレスを減らし、しっかり食べて免疫力をつけ、運動もちゃんとして健康づくりをしましょう、と。海が今後つらい時代を乗り越えていくための忠告も同じだ。ただ、海のストレスを減らすためには、我々が漁獲量を減らし、環境を破壊するようなやり方を改め、廃棄物を減らし、汚染を極力防ぎ、海洋保護に力を入れる必要がある。海は「自然に」回復するとは、もはや言えない状況になっている。我々の現実的な助けが求められているのだ。

右：サンゴ礁を見下ろしながらあくびをしているように見えるギンポの仲間のアロー・ブレニー *Lucayablennius zingaro*。流線型の小さな体をしている。尾を曲げて、これから獲物に向かって突進するところ。

第9章
Desert ocean
砂漠の海

世界で最も歴史が浅く、最も小さな海洋は、宇宙から見ると、アフリカとアラビアの黄土色の砂漠の間に青く細い線を一本引いただけのように見える。この紅海を岸辺から見ると、生命の豊かさという点で海と陸の差はあまりに対照的だ。後者は乾ききった不毛の地が何千キロも続いている。よく見ると、紅海を縁取る断崖はサンゴ礁の化石だ。サンゴが成長した場所で化石となり、地殻変動によって押し上げられたのだ。この隆起により、紅海は今も成長しつつある。いっぽう、海面下では緑と茶色のまだらなキャンバスにさまざまな色があふれ、まるで変幻自在の印象派の絵画を思わせる。水中マスクをつけて潜ってみると、さまざまな色は魚となり、まだら模様はサンゴや海藻となる。

左:生物に満ちている世界と生物がほとんどいない世界。紅海のサンゴ礁と砂漠ほど強烈な対照はないだろう。海面下はどこを見ても生命があふれんばかりだが、海面上には植物のまったく生えていない砂漠の岩がそびえている。とても変わった美しさだ。

右ページ:エジプトのシナイ半島の南端に位置するラス・モハメッド岬へと向かうバラフエダイ*Lutjanus bohar*の群れ。まるでブロンズ色の壁のようになり、これから産卵を始める。フエダイの仲間はこのように何千匹と集まり、サンゴ礁のある岬で卵を産むことが多い。卵は速い海流によってすぐに沖へと運ばれるため、サンゴ礁でひしめきあっている腹を空かせた捕食者の口には入らない。

隣り合わせの2つの世界の違いは水の有無だ。砂漠には水がほとんどないが、海は水に事欠かず、したがって海には生命が満ち溢れ、砂漠にはほとんど生物がいない。海は生物が息づき、押し寄せ、群をなし、命の万華鏡のような世界だけに、砂漠との対照がよけいに際立つ。紅海は濃い青で非常に澄んでいる。紅海北部やアカバ湾のそこかしこに見られる浅いサンゴ礁を沖に向かって泳いでいくと、青い深淵にぎくりとさせられる。澄みきった水と、ほぼ垂直に一気に深くなる海底。この海では感動も、ぞっとする感覚も両方味わえる。水が澄みきっているのは不純物がないからであり、これは栄養もプランクトンも非常に少ないということだ。チャールズ・ダーウィンはこの逆説に悩んでいた。養分の少ない熱帯の海で、サンゴ礁はなぜ多くの生命を維持できるのか？ 同じことが紅海にも言える。

右:バラフエダイ*Lutjanus bohar*の集団産卵の瞬間。白い霧に見えるのは精子と卵だ。この写真はパラオのパシフィック島付近で撮影した。紅海での産卵シーンは誰も見たことがない。

左：ヨゴレ *Carcharhinus longimanus* とブリモドキ *Naucrates ductor* の集団。かつてヨゴレは船乗りがどこでも目にするサメだったが、遠洋漁業が拡大し、マグロやメカジキ、マカジキ用の延縄（はえなわ）漁が行われるようになると、数が急減した。延縄とは1本の長い縄に何千もの釣針を下げたものだ。最初のうち、サメは歓迎されない外道として扱われ、ほとんど用途はなかったが、今日ではふかひれスープ用として珍重されている。特にヨゴレはひれが大きく（学名の *longimanus* は長い腕の意）、アジアでは高値で取引される。

ダーウィンの悩みが解決したのは150年後だった。生物が複雑に関わり合っているサンゴ礁では、栄養を捕え、保持し、何度もリサイクルするしくみが出来あがっていることが判明したのだ。サンゴ礁を訪れた人がまず驚くのは、周囲を泳ぐ小魚の多さだろう。サンゴ礁と大洋が出会う境目では、プランクトンを食べる小魚の数が特に多く、まるで色とりどりの猛吹雪の中を泳いでいるような感覚になる。こうした小魚の群れは「口の壁」となり、大洋から流れてくるわずかな栄養を捕えて凝縮する。石サンゴ、海綿、ヤギ類、軟サンゴ、その他多数の濾過摂食性の無脊椎動物はサンゴ礁を覆い、プランクトンや他の生物がリサイクルした食物片を吸いこむ。サンゴ礁には草食動物、肉食動物、デトリタス食者（死骸や排泄物を餌にする）が集まっており、栄養はある生物から別の生物へとすみやかに渡されるのだ。肉食魚の糞は海底まで沈むことはほとんどない。それを栄養たっぷりのおやつとして狙う魚が何十種といる。魚の糞には味のレベルがあるようだ。一部の肉食魚は常に糞を狙われ、落ちついて糞をすることもできないほどだ。草食魚の糞を喜ぶのはデトリタス食者だけで、デトリタス食者の糞を食べるのはナマコやゴカイ類だ。

左:エジプトのラス・モハメッド国立公園のサンゴ礁の上で球状に集まったバラフエダイ *Lutjanus bohar*。彼らはしかるべき時が来るのを待っている。卵ができるだけサンゴ礁から遠く、捕食者からも遠く運ばれるタイミングを見計らい、いっせいに身を激しくよじって産卵する。捕食者のことまで頭が回らない状態のためか、このときサメに襲われることも多い。

上:ヤクシマイワシ *Atherinomorus lacunosus* の大群によって、何の変哲もない桟橋が銀色に輝く葉に覆われた森に一変した。

左：軟サンゴをくわえたタイマイ *Eretmochelys imbricata*。タイマイはほとんどの生物が食べないような有毒動物も食べる。食べた毒が体に蓄積されるため、タイマイの肉はまずいと言われているが、甲羅はべっこうとして珍重され、何百万匹もの亀が殺された。今日では、ウミガメ類はすべて絶滅の危機に瀕していると考えられているが、タイマイも含めほとんどの種が保護され、復活しつつある。

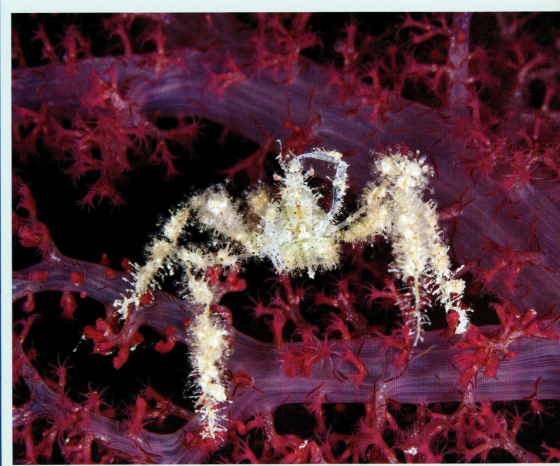

上：軟サンゴの上で「まいったなあ」とでも言うように頭を掻いているトゲアケウス *Achaeus spinosus*。すぐ目の前でカメラを向けられ、どうしようと悩んでいるらしい。本当のところは、カムフラージュ用の海藻や海綿を甲羅につけているのだ。

サンゴ礁では「食われる」という意識が常につきまとっている。魚はほんの数秒でも用心を怠ることがない。カニ、ゴカイ、巻貝といった小動物のあらゆる行動は、子孫を残したい、死を避けたいという2つの欲望と関わりがある。捕食者が被食者よりも多くなることはけっしてないという概念は、サンゴ礁では通用しない。漁業が一度も行われていないサンゴ礁では、重量比で捕食者の方が被食者をはるかに上回ることがある。鋭い歯のウツボは洞穴に潜み、ハタはテーブル状のサンゴの下に集まり、フエダイは群れでうろうろしている。いっぽう、外洋ではアジ科の魚やマグロ、バラクーダの群れが明るい海の中で銀白色の体を光らせている。被食者が捕食者より少なくても生態系が成り立つのは、被食者の方が小型で寿命も短く、世代交代が速いからだ。両者の関係は、時計に組み込まれている大小の歯車のようなものだ。歯車の大きさが異なれば、回転速度も異なる。しかも、海の捕食者は変温動物で、陸上の生態系のトップに立つ哺乳類の捕食者より代謝がはるかに遅い。生命維持に使うエネルギーがより少なく、食事と食事の間が長くても耐えられるのだ。

右：威嚇しているメガネモチノウオ Cheilinus undulatus。威嚇の対象は撮影しているカメラマンではなく、すぐ後ろにいる別の同種のオスだ。

上：ハマサンゴの一種 Porites nodifera の巨大な群体。このサンゴの死んだ部分に別種のサンゴが足場を得て、成長しながら周囲のサンゴを押しのけている。サンゴは場所を求めて競い合う。互いに相手を刺す種もあれば、腸の中から糸状の管を伸ばして相手を消化する種もある。他の種よりも強力な攻撃や防衛手段を持つ種もあり、競争力の階層が出来あがっているのだ。[エジプトのフューリー・ショールにて撮影]

右：エジプトのスエズ湾の入り口にあるグバル島に太陽が沈みゆく頃、昼行性の魚は身を潜める。ロクセンスズメダイ Abudefduf sexfasciatus だけがまだ寝場所を探している。まもなく夜行性の魚が礁の隙間や洞穴からいっせいに出てきて餌を探し始める。紅海で最も豊かな生物が生息しているのは、北のスエズ湾との境にあるこのサンゴ礁だ。ここより南は深い大海原となる。

上:カマスの仲間であるブラックフィン・バラクーダ *Sphyraena genie* がエジプトのラス・モハメッド国立公園のシャーク・リーフで円形の壁を作っている。スキューバ・ダイビングの草分け時代、バラクーダ類はダイバーたちにとても恐れられていた。気性よりも、いかにも獰猛そうな顔つきのせいだ。人を襲う例もあるが非常にまれで、この写真の種は人に危害を加えない。

左:紅海のサンゴ礁の上に広がる魚の群れ。まるで星座のようだ。

海で最も恐ろしい捕食者はサメでもオニダルマオコゼでもない。我々人類だ。人類は世界中の海のそこかしこで捕食者のトップになり、乱獲によってサンゴ礁の顔ぶれを変えてきた。最も打撃を受けたのは大型の捕食魚だ。成長の遅さ、肉のうまさ、習性の大胆さすべてが災いして急激に数が減った。残っているのは小型で成長が速く、繁殖の頻度も高い魚だ。こういう魚は回復が速い。サンゴ礁に生息している大型捕食魚の数から、その場所で漁業がどの程度行われていたかが判断できる。サメや大型のハタが多ければ、漁業はほぼ行われていない。人の手よりも大きな魚がほとんどいなければ、乱獲が行われているということだ。

右:キンギョハナダイ*Pseudanthias squamipinnis*のオス。一部のオスはメスのハーレムを作り、その他のオスは群れで暮らす。ハーレムを作るオスは夕方になるとダンスをし、メスを産卵する気にさせる。だが、急がなければならない。メスの気を引くのに手間取っていると、ハーレムを持たないオスたちが泳ぎ寄ってきて一緒に精子を放つため、父親が誰かわからなくなってしまうからだ。

左:サンゴは石灰岩に礁を築く。石灰岩は徐々に水に溶け、洞窟ができる。写真の洞窟はエジプトのセント・ジョンズ・リーフにある。このような洞窟は、最後の氷河期に海面が100メートル超も低下したとき、淡水の流れによって形成されたと考えられている。

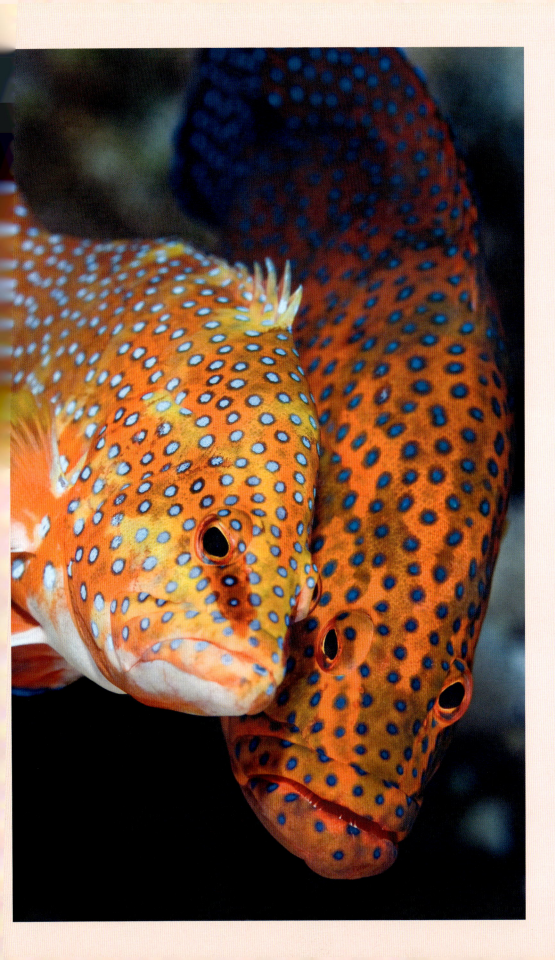

左ページ:ホホスジモチノウオ Oxycheilinus digrammus のオス。この種のオスは非常に対抗意識が強い。写真の個体はカメラマンの水中マスクに映る自分の姿に気づき、別のオスと勘違いして執拗に攻撃してきた。

左:優美なユカタハタ Cephalopholis miniata のメスが、体の大きなオスに対して淡い色を際立たせ、服従を示している。オスは数匹のメスのハーレムを守り、メスたちが産んだ卵に精子をかける。

右ページ:クマノミの仲間のツーバンド・アネモネフィッシュ *Amphiprion bicinctus*のペアが、宿主イソギンチャクの触手の近くに張り出した岩に赤い卵を産みつけている。

自然はその機会さえ与えられたら、我々の罪を赦し、豊かな海を復活させてくれる。海洋公園を作り、漁業を禁じるだけで、海の生物はじきに復活する。きちんと保護すれば、捕食魚は10年間で5倍かそれ以上に増える。だが、一度も人間が漁業を行っていない場所のように戻すには、半世紀はかかるだろう。エジプトはサンゴ礁の保護に非常に力を入れている。1983年からシナイ半島南端のラス・モハメッド岬の保護を開始し、海洋公園を次々に作っていった。その沿岸は延べ何百キロにも及ぶ。今日、紅海の海洋公園は魚の避難所となっている。フエダイやフエフキダイが産卵に集まってくる。ブダイの大群も、渦を巻くバラクーダやアジ科の群れも、ウミガメも、優雅なサメもいる。紅海は手厚い保護のおかげで、活気あふれるみごとなサンゴ礁が楽しめる世界屈指の海となっているのだ。

上:ツーバンド・アネモネフィッシュ *Amphiprion bicinctus* のオスが、左側にいる大きなメスが産んだばかりの卵にセンジュイソギンチャク *Heteractis magnifica* の触手をこすりつけている。卵がイソギンチャクに刺されないよう、その粘液で覆っているのだ。クマノミの仲間は他の魚より数倍も分厚い粘液をまとい、身を守っている。さらに、イソギンチャクに身をすりつけてその粘液もまとい、イソギンチャクに自分の一部だと思わせているのだ。餌でも敵でもないとイソギンチャクが認識すれば、刺される心配はなくなる。

上：海の中の断崖。サンゴ礁と外洋の境をゆうゆうと泳ぐベラ科のクルンジンガーズ・ラス *Thalassoma klunzingeri* のオス。紅海固有種。断崖の先はめまいがするほど深い。

左：午後の遅い時間。ブダイの仲間であるロングノーズ・パロットフィッシュ *Hipposcarus harid* が群れをなしてどこかに向かっている。サンゴ礁に生息する魚の多くは、サンゴ礁から離れ、岬など昔から決まっている地点に行って産卵する。移動の途中で参加者がさらに加わり、群れはさらに大きくなっていく。熱狂的なひとときが終わると、少数グループに分かれて帰途につく。

第10章
Back from the brink
絶滅寸前
からの復活

アザラシは人が寄りつけない場所で生きている。波の荒い海岸、辺鄙な岩場、海に突き出た絶壁、無人島、深い洞窟、沖に浮かぶ氷。日向ぼっこしている姿が遠くにちらと見える。沖のケルプの合間からひょいと顔を出す。何世紀も前の時代にはアザラシがどういう動物なのかよくわからず、神話のように扱われていた。スコットランドの神話やフェロー諸島の民話には、神話上の生物であるセルキーが登場する。セルキーは海の中ではアザラシの姿だが、陸に上がると皮を脱いで人間になる(そして陸の人間と恋に落ちるというのがお決まりのパターンだ)。つまりアザラシは魔法を使えるとされていたのだ。古代ローマ人は、チチュウカイモンクアザラシの皮片を雷と嵐をよけるお守りとして持ち歩いていた。だが、アザラシは人を寄せつけないという見方は徐々に変わりつつある。我々が変化し、それによってアザラシも変化しているからだ。

左:カリフォルニア湾ラ・パス付近で見かけたカリフォルニアアシカ *Zalophus californianus*。19世紀にはこの固いひげの需要が高かった。サンフランシスコのアヘン窟でパイプを掃除するのに使われていたのだ。

アザラシやアシカは2000万年ほど前にクマやイヌの祖先から進化した。完全に海の生活になじんだクジラやイルカとは異なり、出産や子育ては陸上で行う。水中では優雅でしなやかに動き、流れるようなジャンプをしたり宙返りをしたりと活発なのだが、陸に上がると重力に逆らえず、浜辺や岩の上で巨大なイモムシのように転がっている。生きる場を海陸両方とする妥協的な進化をしたせいで、陸上では敵に対して非常に弱い。だから敵が近づけないような場所で子育てをする。

右：トド *Eumetopias jubatus* のオスは体が大きく、筋肉隆々で大胆だ。この写真ではわかりづらいが、このオスは体長3メートル近くもある。バンクーバー島レース・ロックスにて、撮影しているカメラマンの横を通り過ぎていくところ。

右ページ：「こっち側を撮ってね」。そんな声が聞こえてきそうだ。カメラの前で魅力的なポーズをとるハイイロアザラシ *Halichoerus grypus*。鼻づらがオレンジ色に染まっているのは、錆びた難破船を嗅ぎまわっていたせいだ。

218　第10章　絶滅寸前からの復活

アザラシにとって最も危険な敵は人類だった。何万年も前から人類はアザラシを狩ってきた。アザラシにはさまざまな利用価値がある。耐水性のある皮、暖かい毛皮、漁網の浮き、強靭なロープ（リンゴの皮をむく要領で作る）、薬、肉、ランプ用オイル。セイウチは牙も利用された。フランスの地中海沿岸にあるコスケ洞窟は、現在では半分海水に浸かっているが、もともとは水がなく、チチュウカイモンクアザラシを槍で狩る壁画が残っている。これは1万9000年ほど前の作品だ。また、フランスのドルドーニュ県にあるモンゴディエ洞窟にも、1万年から1万7000年前にシカの枝角に彫られた作品が残っている。アザラシがあおむけの姿勢でサケを追って泳いでいる姿を細部まで美しく描いたもので、作者がアザラシの生態を詳しく知っていたことが伺われる。

右：年老いて歯の抜けたハイイロアザラシ *Halichoerus grypus* にとって、硬い殻を持つ貝や甲殻類は食べるのがつらい。

左:ヒトデで遊ぶ若いカリフォルニアアシカ*Zalophus californianus*。若いアシカはヒトデ、サンゴのかけら、貝殻、海鳥の羽根など、さまざまなものをおもちゃにする。水面まで運んでいって落としては、それを追いかける。

何世紀もの間に、人類はアザラシを絶滅の縁へと追いやっていった。チチュウカイモンクアザラシは今日では最も絶滅の恐れが高く、おそらくは最も人を避ける種のひとつである。人の寄りつけない洞窟で子どもを産んでいるが、昔からそうだったわけではない。ホメロスの『オデッセイ』を読むと、このアザラシは古代では数も多く、広々とした浜辺で繁殖していたことが伺われる。だが、紀元301年には相当減っていた。ローマ皇帝ディオクレティアヌスが発表した「価格表」によると、モンクアザラシの皮は1500デナリ（古代ローマの銀貨）でライオンやヒョウの皮よりも高く、クマの皮の15倍の値だった。それだけ貴重な存在になっていたということだ。広い浜辺にいるコロニーが狩られて姿を消していくにつれ、アザラシが見つかる場所も移っていく。中世には探検家たちがアフリカ沿岸、カナリー諸島、マデイラ諸島で何千頭もの新たなコロニーを発見したが、まもなく同じ運命をたどった。

右：早朝の光の中で遊ぶ若いカリフォルニアアシカ *Zalophus californianus*。

左ページ:18世紀から19世紀、オットセイはみごとな毛皮を、キタゾウアザラシは脂肪の多さを人間に狙われ、大量に殺されたが、アシカは細身で毛皮の質が劣るために難を免れた。それでも、ほとんどのオットセイやアザラシと同様に、アシカも人間や他の敵がやって来ない浜辺や島で繁殖していた。だが今日では、カリフォルニアアシカ Zalophus californianus は人がよく行く場所を好んでいるようだ。港や停泊所付近で、くつろいでいる姿がよく見られる。がやがやと騒々しくしながら、磯臭い体でごろごろしているのだ。

左:南オーストラリアのカンガルー島で日を浴びているオーストラリアアシカ Neophoca cinerea。アシカの前足にはどの種も水かきがあり、大きく、水中では翼をはばたかせるように動かして進む。

18世紀から19世紀にかけて、船乗りがより遠くまで探検に出かけるようになり、アザラシを利用した商品が工業化されるにつれ、アザラシ漁はますますさかんに行われるようになった。大洋に浮かぶフアン・フェルナンデス諸島（南東太平洋）やサウスジョージア島（亜南極）などに生息していたオットセイは、皮を目的として百万頭単位で殺された。亜南極のサウス・シェトランド諸島の浜辺には何十万頭もが生息していたが、1819年に発見され、それからわずか3年後に全滅した。19世紀半ばにはクジラが獲れなくなり、捕鯨船は代わりに巨大なゾウアザラシを求めて南極海全域に、さらに北太平洋にまで向かうようになった。ゾウアザラシは浜辺ごと、島ごとに姿を消していった。20世紀に入ってもなお、サウスジョージア島ではクジラと共にミナミゾウアザラシも狩られ、マーガリンとなって欧米諸国の食卓に登場していた。

右：小魚の群れを追い散らしているオスのカリフォルニアアシカ Zalophus californianus。オスは額が盛り上がり、首の毛はやや長めでたてがみのようになっている。すらりとして優雅なメスとは大違いだ。このたてがみのせいで、アシカは英語で「シーライオン」と呼ばれている。

アザラシ漁にはなんの制限もなかったため、カリブモンクアザラシは絶滅し、他の多くの種も絶滅の瀬戸際に追い込まれた。だが、20世紀になるとアザラシが減り、浮きや毛皮の需要が落ちたことも相まって、捕獲数は初めて減少に転じ、やがて積極的な保護活動が始まった。その効果は目を見張るものだった。カリフォルニアからメキシコにかけて沿岸に生息するグアダルーペオットセイは、20世紀初頭にはわずか数十頭しか生き残っていなかったが、今日では2万頭前後まで回復した。キタゾウアザラシは1890年には100頭だったのが、今は20万頭をゆうに超えている。フェルナンデスオットセイは絶滅したと長らく思われていたが、1960年代に数百頭が目撃され、その後は回復に向かい、2005年の時点で3万頭を超えた（何百万頭というかつての生息数にはまだほど遠い）。オットセイ8種のうち、今も減少しているのはガラパゴスオットセイだけだ。皮肉なことに、このオットセイは熱帯に生息しているため皮の質が劣り、漁の対象となることはあまりなかった。いまだに商業目的のアザラシ漁が行われているのは、2～3種にすぎない。カナダでは白い毛皮目当てにタテゴトアザラシの新生児漁が行われ、物議を醸している。

左：水中のアザラシは身のこなしが優雅で自在だ。陸上でのぎこちない動きが嘘のように。写真はニュージーランドオットセイ Arctocephalus forsteri。空中でバレエのようなジャンプをし、水中に戻ったところ。

下：カリフォルニアのチャンネル諸島で泳ぎの練習をしているカリフォルニアアシカ Zalophus californianus の子どもの集団。アシカの子どもはシャチにとってはおやつであり、ホホジロザメにとってはひと口大のディナーになる。この海にはシャチもホホジロザメもいる。彼らは少しでも早く泳げるようになる必要があるのだ。

上：指しゃぶりのアザラシ版なのだろうか？ ハイイロアザラシ *Halichoerus grypus* の大きなオスが岩の間でケルプの葉をしゃぶりながら寝ている。[ブリストル海峡（英）のランディ島にて撮影]

左：見慣れた世界と見えない世界は薄い海面で区切られている。ハイイロアザラシ *Halichoerus grypus* は息継ぎをしては水面下の見えない世界へ潜っていく。

何十年もの保護活動によってアザラシの行動が変わりつつある。人への恐怖心が薄れ、イギリスのハイイロアザラシなどは、繁殖期に本土に戻ってくるようになった。ボートやカヤック、サーファーのそばまで姿を現し、逃げずにいる。アザラシやアシカの子は子犬のようにダイバーにじゃれつき、フィンを噛んだり水中マスクやカメラに顔を押しつけてきたりする。回復力があまりに強いため、場所によっては獲った魚をアザラシに取られるとこぼす漁師もいる。だが、本当の問題はアザラシではなく、アザラシも人も食べていけるほどの魚が乱獲でいなくなったことだ。野生生物は人が支配する世界でも繁栄できることをアザラシは証明している。だが、我々がすべきことはまだたくさん残っている。世界の海における漁獲と保護のバランスを上手にとる方法は、まだ見つかっていない。

右:カメラマンの脚を調べているゼニガタアザラシ Phoca vitulina。アザラシはイヌの遠い親戚にあたり、イヌと似ている点が多い。「遊び」を楽しむところもそのひとつだ。

右ページ:人懐っこいハイイロアザラシ Halichoerus grypus の子どもと一緒にポーズ。

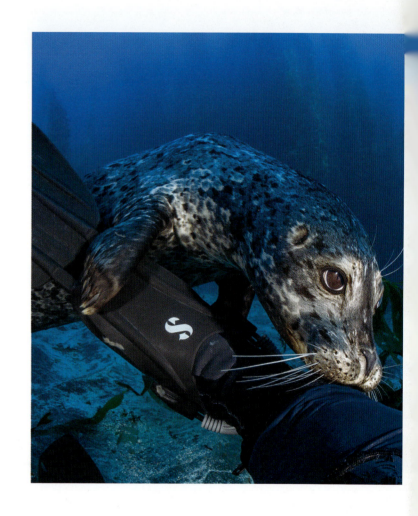

234　第10章　絶滅寸前からの復活

索引

アオウミガメ 87
アオノドヒメウ 90, 91
アオバスズメダイ 20
アオマダラウミヘビ 89
アズキハタ 29
アデヤッコ 156
アメリカアカエイ 70, 76
アメリカクロヌケ 134
アメリカマナティー 84, 85
アラフラオオセ 64, 65
アラレフグ 150
アロー・ブレニー 191
イエローテール・スナッパー 184-185
イタチザメ 60, 66
イナズマヤッコ 157
イミテーター・ダムゼル 159
インディゴ・ハムレット 189
ウィーディ・シードラゴン 141
ウシマンボウ 166-167
ウバザメ 42, 43, 46-47, 61
ウミウシカクレエビ 32
ウミウシの仲間 40, 113
オオアカホシサンゴガニ 102
オオカミウオ 36, 37
オーストラリアアシカ 227
オーストラリアナヌカザメ 135
オオモンカエルアンコウ 31
オニイトマキエイ 77

カイアシ類 43
カエルアンコウ 24, 165
カミソリウオ 163
カリフォルニア・シープヘッド 122
カリフォルニアアシカ 127, 216, 222, 223, 225, 226,
  229, 231
カリフォルニアイセエビ 128
カンムリブダイ 15
キガシラアゴアマダイ 174
キタユウレイクラゲ 112
ギンガメアジの一種 154-155
キンギョハナダイ 149, 209
クイルバック・ロックフィッシュ 125
クチバシカジカ 133
クラゲノミの仲間 121
クルンジンガーズ・ラス 215
クロウミガメ 94
ケラマハナダイ 19

コガネアジ 29
コパー・ロックフィッシュ 125
コシマガニ属の一種 138

ジャイアントケルプ 122, 127, 129, 135, 137
シャレヌメリ 51
ジンベエザメ 68, 74
スクールマスター 173
スタグホーン・コーラル 187
スポッティド・ハンドフィッシュ 97
スポットライト・ゴビー 178
スマ 17
スミレナガハナダイ 19
スレンダー・シルバーサイド 29
セクレタリー・ブレニー 179
ゼニガタアザラシ 142, 234
センジュイソギンチャク 212, 213

タイセイヨウイセゴイ 175
タイセイヨウイトマキエイ 79
タイセイヨウクロマグロ 44
タイセイヨウマダラ 34, 45
タイマイ 88, 200
ダイヤモンド・ブレニー 176
タイワンヨロイアジ 17
タコクラゲの仲間 109
タッセルドカエルアンコウ 164
タテジマキンチャクダイ 157
タラバエビの仲間 57
チョウチョウコショウダイ 23
ツーバンド・アネモネフィッシュ 212, 213
テマリクラゲ 121
トウゴロウイワシ科 17
トゲアケウス 201
トゲツノメエビ 106
トゲトサカ属 96
トド 218
トンポット・ブレミー 146

ナガコバン 77
ナッソー・グルーパー 188
ニシキウミウシ 32
ニシキギンポの一種 50
ニシツノメドリ 82

ニセゴイシウツボ 151
ニュージーランドオットセイ 230
ヌリワケヤッコ 182
ノウサンゴ 180-181

パープル・ビューティー 18
バーミリオン・スターフィッシュ 104
ハイイロアザラシ 39, 219, 221, 232, 233, 235
パイプホース 172
ハシナガイルカ 98
ハタタテギンポ属の一種 147
ハナギンチャクの一種 100
ハナビラクマノミ 26
ハナミノカサゴ 171
ハナヤサイサンゴの一種 102
ハマサンゴの一種 204
バラフエダイ 194, 195, 198
ピグミーシーホース 158
ヒラシュモクザメ 73, 78
ピンクガイ 187
ピンクチップ・アネモネ 176
ファングトゥース・モレイ 160
ブラックスミス 137
ブラックフィン・バラクーダ 207
フリソデエビ 107
ブリモドキ 196
ブルケルプ 124, 134
フレッシュウォーター・ブレニー 99
ベニザケ 92, 93
ペレスメジロザメ 170, 184-185
ホウセキカサゴ 13
ホホジロザメ 62, 67, 69
ホホスジモチノウオ 210
ポリデュクテュス属 14
ホンソメワケベラ 150

マウンテネス・スター・コーラル 168
マサバ 91
マダラトビエイ 80-81
マルガザミ 100
ミズダコ 132
ミナミハナダイ 149
ミノウミウシの仲間 115
ミミックオクトパス 117
ムナテンブダイの仲間 9
ムラサキカイメン属の一種 105
メガネモチノウオ 203

メジロダコ 116
メリベウミウシの仲間 124

ヤギの仲間 122
ヤクシマイワシ 199
ヤドリイバラモエビ 139
ヤマブキスズメダイ 25
ヤンセンフエダイ 14
ユカタハタ 211
ヨーロッパケアシガニ 54-55
ヨーロッパコウイカ 53
ヨーロッパロブスター 50
ヨコヅナダンゴウオ 49
ヨゴレ 58, 63, 196
ヨシキリザメ 41, 75

リーフィ・シードラゴン 131, 143
レッド・アイリッシュロード 125, 162
ロクセンスズメダイ 205
ロングスナウテッド・シーホース 48
ロングテール・ドラゴネット 153
ロングノーズ・パロットフィッシュ 214

ワモンウシノシタの仲間 144
ワモンダコ 118
ワラジムシの仲間 105
ワレカラの仲間 56

Abudefduf sexfasciatus 205
Acanthemblemaria maria 179
Acentronura dendritica 172
Achaeus spinosus 201
Acropora cervicornis 187
Aetobatis narinari 80-81
Amblyglyphidodon aureus 25
Amphioctopus marginatus 116
Amphiprion bicinctus 212, 213
Amphiprion perideraion 26
Anarhichas lupus 36, 37
Antennarius commersoni 31
Antennarius striatus 24, 165
Anyperodon leucogrammicus 29
Arctocephalus forsteri 230
Arothron caeruleopunctatus 150
Atherinidae 17
Atherinomorus lacunosus 199

Bolbometopon muricatum 15
Brachionichthys hirsutus 97
Brachirus heterolepis 144

Calanus finmarchicus 43
Callionymus lyra 51
Callionymus neptunius 153
Caprella linearis 56
Carangoides bajad 29
Carangoides malabaricus 17
Caranx caballos 154-155
Carcharhinus longimanus 58, 63, 196
Carcharhinus perezi 170, 184-185
Carcharodon carcharias 62, 67, 69
Cephalopholis miniata 211
Cephaloscyllium laticeps 135
Ceratosoma trilobatum 32
Cerianthus sp. 100
Cetorhinus maximus 42, 43, 46-47, 61
Cheilinus undulatus 203
Chelonia mydas 87
Chelonia mydas agassizii 94
Chirostoma attenuatum 29
Chromis atripectoralis 20
Chromis punctipinnis 137
Colpophyllia natans 180-181
Condylactis gigantea 176

Cyanea capillata 112
Cyclopterus lumpus 49

Dasyatis americana 70, 76
Dendronephthya sp. 96
Doto greenamyeri 33

Elacatinus louisae 178
Enchelycore anatina 160
Enteroctopus dofleini 132
Epinephelus striatus 188
Eretmochelys imbricata 88, 200
Eucrossorhinus dasypogon 64, 65
Eumetopias jubatus 218
Euthynnus affinis 17

Flabellina pellucida 115
Fratercula arctica 82

Gadus morhua 34, 45
Galeocerdo cuvier 60, 66
Gymnothorax melanospilos 151

Halichoerus grypus 39, 219, 221, 232, 233, 235
Haliclona sp. 105
Hemilepidotus hemilepidotus 125, 162
Heteractis magnifica 212, 213
Hippocampus bargibanti 158
Hippocampus guttulatus 48
Hipposcarus harid 214
Holacanthus tricolor 182
Homarus gammarus 50
Hymenocera elegans 107
Hypoplectrus indigo 189

Labroides dimidiatus 150
Laticauda colubrina 89
Lebbeus grandimanus 139
Leptomithrax gaimardii 138
Lissocarcinus laevis 100
Lophogorgia chilensis 122
Lucayablennius zingaro 191
Lutjanus apodus 173
Lutjanus bohar 194, 195, 198
Lutjanus lutjanus 14
Luzonichthys waitei 149

Macrocystis pyrifera 122, 127, 129, 135, 137
Maja squinado 54-55
Malacoctenus boehlkei 176
Manta birostris 77
Mastigias papua 109
Mediaster aequalis 104
Megalops atlanticus 175
Melibe leonina 124
Mobula hypostoma 79
Mola mola 166-167

Naucrates ductor 196
Neophoca cinerea 227
Nereocystis luetkeana 124, 134

Octopus cyanea 118
Ocyurus chrysurus 184-185
Oncorhynchus nerka 92, 93
Opistognathus aurifrons 174
Orbicella faveolata 168
Oxycheilinus digrammus 210

Pandalus montagui 57
Panulirus interruptus 128
Parablennius gattorugine 146
Periclimenes imperator 32
Petroscirtes lupus 147
Phalacrocorax penicillatus 90, 91
Phoca vitulina 142, 234
Pholidichthys leucotaenia 14
Pholis gunnellus 50
Phycodurus eques 131, 143
Phyllognathia ceratophthalmus 106
Phyllopteryx taeniolatus 141
Plectorhinchus chaetodonoides 23
Pocillopora sp. 102
Polycera quadrilineata 40
Pomacanthus imperator 157
Pomacanthus navarchus 157
Pomacanthus xanthometopon 156
Pomacentrus imitator 159
Porites nodifera 204
Prionace glauca 41, 75
Pseudanthias hypseleosoma 19
Pseudanthias pleurotaenia 19
Pseudanthias squamipinnis 149, 209

Pseudanthias tuka 18
Pterois volitans 171

Remora remora 77
Rhamphocottus richardsonii 133
Rhincodon typus 68, 74
Rhinopias eschmeyeri 13
Rhycherus filamentosus 164

Salaria fluviatilis 99
Santia sp. 105
Scomber japonicus 91
Sebastes caurinus 125
Sebastes maliger 125
Sebastes melanops 134
Semicossyphus pulcher 122
Sepia officinalis 53
Solenostomus cyanopterus 163
Sparisoma cretense 9
Sphyraena genie 207
Sphyrna mokarran 73, 78
Stenella longirostris 98
Strombus gigas 187

Thalassoma klunzingeri 215
Thaumoctopus mimicus 117
Thunnus thynnus 44
Trapezia rufopunetata 102
Trichechus manatus 84, 85

Zalophus californianus 127, 216, 222, 223, 225, 226, 229, 231

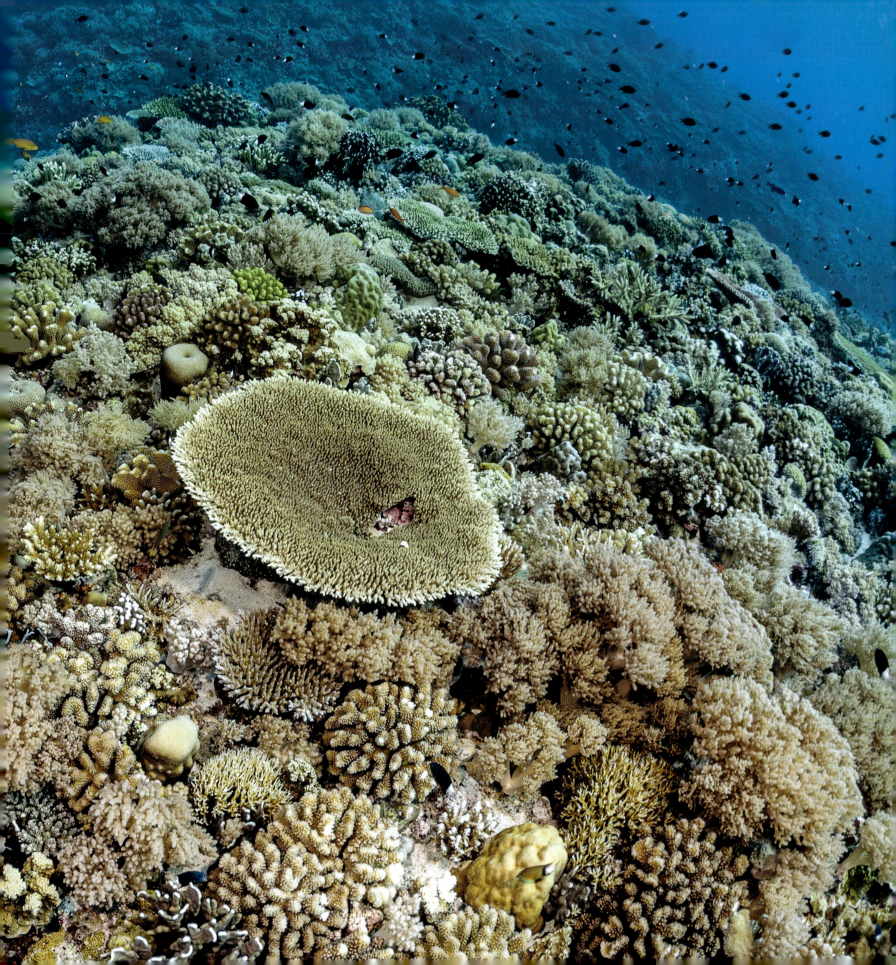